高等学校电子信息类"十三五"规划教材

CDIO 工程教育计算机专业实战系列教材

数据结构与算法实战

主　编　李莉丽

副主编　黄　敏

参　编　徐　虹　卿　静

　　　　余贞侠　叶　斌

西安电子科技大学出版社

内 容 简 介

本书共三篇，按数据结构与算法的初级、中级、高级三个层次编排，其中：初级(即上篇)部分是 C 语言程序设计基本知识要点提炼；中级(即中篇)部分描述的是简单数据结构，如线性表、栈、队列；高级(即下篇)部分描述的是复杂数据结构，如二叉树、图。每一部分又各包括基础与实战两部分，其中基础是基本内容的提炼讲解，包括数据结构的逻辑特性、顺序与链式存储方式和基本操作算法，并给出对应的用 C 语言实现的参考代码，实战则是对此结构的具体应用，以题目描述和具体要求的方式给出。

本书从基础编程语言开始介绍，过渡到让读者从数据结构角度设计算法，以逐渐掌握解决编程问题的合理方法与思路，并进一步与具体应用相结合达到实战训练的目的。各篇基础部分用浅显易懂的语言描述数据结构基础知识，并在基本操作的实现上提供了大量源代码；各篇实战部分则与应用相结合给出了启发式的题目及要求。按本书各题目进行训练，可以帮助读者有效地理解数据结构课程的内涵，并进一步提高工程实践能力。

本书可作为普通高等院校计算机类专业 C 语言程序设计、数据结构等课程的实践训练教材，特别是可以作为清华大学出版社严蔚敏版《数据结构》(C 语言版)的辅助实验教材与学习指导书。

图书在版编目 (CIP) 数据

数据结构与算法实战/李莉丽主编. — 西安：西安电子科技大学出版社，2018.2(2020.5 重印)

ISBN 978-7-5606-4837-8

Ⅰ. ① 数… Ⅱ. ① 李… Ⅲ. ① 数据结构 ② 算法分析 Ⅳ. ① TP311.12 ② TP312

中国版本图书馆 CIP 数据核字(2018)第 015559 号

策　　划	李惠萍
责任编辑	雷鸿俊
出版发行	西安电子科技大学出版社(西安市太白南路 2 号)
电　　话	(029)88242885　88201467　　邮　编　710071
网　　址	www.xduph.com　　　　　电子邮箱　xdupfxb001@163.com
经　　销	新华书店
印刷单位	陕西天意印务有限责任公司
版　　次	2018 年 2 月第 1 版　　2020 年 5 月第 2 次印刷
开　　本	787 毫米×1092 毫米　1/16　印 张　12
字　　数	277 千字
印　　数	3001～4000 册
定　　价	28.00 元

ISBN 978-7-5606-4837-8 / TP

XDUP 5139001-2

如有印装问题可调换

中国电子教育学会高教分会推荐

高等学校电子信息类"十三五"规划教材

CDIO 工程教育计算机专业实战系列教材

编审专家委员会名单

前　言

　　数据结构是计算机及相关专业的核心必修课程，也是计算机类专业考研的必考课程。许多学校指定清华大学出版社严蔚敏版的《数据结构》(C 语言版)为课程教材，考研大纲及考试内容均以此书为准。该书内容编排合理，讲述清楚，算法简练，确实是一本经典的数据结构教材。但在教学实践过程中笔者发现学生使用这本教材时存在诸多问题，例如：伪代码不能直接运行而需做改动，初学者由于不知道如何做而放弃学习；一些算法直接给出了结果而并没有描述为何如此做的原因，导致读者理解困难；一些算法没有给出具体的存储结构描述，因此学习起来比较困难；等等。

　　针对上述问题，编者在多年教学过程中尝试了多种手段加以解决，取得了较好的效果。本书内容是编者从算法实战的角度结合对数据结构教学的思考，将相关教学经验及手段进行整理归纳而成的，希望能让更多受困于此的读者受益。本书由三部分(三篇)组成，内容涵盖 C 语言、简单数据结构与复杂数据结构的基础与实战。书中基础知识讲解通俗易懂，并提供大量源代码供参考(源代码可通过扫封面或扉页上的二维码获取，也可登录西安电子科技大学出版社网站下载)；实践训练部分题目层次丰富。在阅读本书之前，要求读者具有最基本的 C 语言编程基础和数据结构基础知识。

　　本书具有如下特点：

　　· 实战教学：本书在介绍基础知识的同时给出了部分源代码作参考，并提供了丰富的实战案例，方便读者在"做"中学习掌握。

　　· 通俗易懂：本书在编写过程中，结合教学过程中学生经常遇到的问题，用通俗的语言讲解数据结构的相关知识，适合各层次学生和专业人士选用。

　　· 循序渐进：本书从三个方面由浅入深地介绍数据结构编程，读者既可以从第 1 章开始阅读，也可根据实际情况从不同篇章入手开始阅读。本书还可以作为学习数据结构的参考书进行查阅。

　　本书由李莉丽、黄敏、徐虹、卿静、余贞侠和叶斌编写，其中：李莉丽负责编写第 4、5 章，并负责全书的组织和统稿；黄敏负责编写第 1、2 章，并负责全书的审稿工作；徐虹和卿静负责编写第 6 章；余贞侠和叶斌负责编写第 3 章。特别感谢西安电子科技大学出版社李惠萍和雷鸿俊编辑对本书编写所提出的宝贵意见，从而使得本书得以改进和完善。

按照编写目标，编者进行了许多思考和努力，但由于编者水平有限，书中可能仍存在疏漏和不妥之处，恳请读者批评指正，以便不断改进。

作者联系邮箱 lilili_cd@cuit.edu.cn。

编　者

2017 年 11 月

目　　录

上篇　数据结构与算法初级基础与实战

中篇　数据结构与算法中级基础与实战

下篇　数据结构与算法高级基础与实战

导　读

　　数据结构课程是计算机及相关专业的一门核心必修课，也是计算机类专业考研的必考课程。许多学校指定清华大学出版社严蔚敏版的《数据结构》(C 语言版)为课程教材，课程考研大纲及考试内容均以该书为准。此书内容编排合理，讲述清楚，算法简练，确实是一本经典的数据结构教材。但在教学过程中笔者发现学生使用这本教材时存在诸多问题，针对这些问题编者在教学过程中提出并采用多种手段加以解决，取得了较好的效果。本书内容是编者从算法实战的角度结合对数据结构多年教学的思考，将相关教学经验及手段进行整理归纳而成的，希望能让更多受困于此的读者受益。

　　本书可配套严蔚敏版《数据结构》(C 语言版)使用：对于严老师书中的思想及例子不甚理解时，可参考本书；对于严老师书中的伪码不知道如何修改才能调试成功时，也可以参考本书。此外，本书针对每种数据结构由浅到深、解决的问题从简单到复杂，依次给出了相关实际问题及解决方法，读者可针对性地选择完成，以达到实战锻炼的目的。

　　下面从学生在学习数据结构课程中表现出的普遍问题、本书的适用对象与使用方法及本书的内容编排方式三个方面总体介绍本书。

一、学生在学习数据结构课程中表现出的普遍问题

1. 学生对数据结构与计算机语言课程间的关系没有搞清楚

　　数据结构课程一般安排在一门计算机语言课程之后，两者都与计算机编程密切相关，但关注的重点并不相同。对于学生的第一门计算机语言课程来讲，教学的重点放在了对计算机语言的初步认识上，所以会详细讲解语法，并通过简单的例子熟悉、掌握语言的使用。为了培养学生的学习兴趣及建立编程信心，对给出的简单问题学生只要能得到基本正确的答案即可，没有从健壮性、时空效率等方面进行严格要求与训练，总体是放在了对计算机语言的初步认识上。

　　数据结构课程则是培养学生对任何一个编程问题以什么样的方式思考，并能快速提出一个可行的解决方案，具体来讲是对一个编程问题能给出一个合理的结构并在此结构上设计出解决问题的算法。数据结构教材为了更为清楚、严谨地说明各种数据结构及算法，往往采用一种语言描述。这就是一般数据结构教材都标明"*** 语言版"的原因。

　　可以看出数据结构课程与计算机语言课程的关系：它们都与编程相关，但数据结构是讲编程解决问题的思想，具体实现时可以采用合适的(任何)计算机语言来实现；数据结构教材提出的"*** 语言版"仅是此教材为了讲解编程思想时方便而采用一种指定语言描述。

2. 学生不适应严蔚敏版《数据结构》的内容描述及编程风格

　　一般计算机语言教材的内容编排是先讲语法规定，然后给出相关例子程序，这些代码

均可调试通过。严蔚敏版《数据结构》则不同，其每一章的内容一般按如下顺序编排：

逻辑结构描述→抽象数据类型描述→分别采用顺序与链式两种存储结构

形式描述→在两种存储结构上分别设计与实现算法并采用伪码描述

但部分章节则在抽象数据类型描述后即在逻辑结构上而非存储结构上设计算法，典型的是严老师版教材中第 2 章的算法 2.1 与算法 2.2 (这两个算法是此教材的头两个例子)。其实，结合线性表的逻辑结构分析伪代码学生基本上可以理解算法思想，从这一点印证了在逻辑结构的基础上可以设计算法这一结论。学生也可能认为这是一个很简单的算法(程序)，但当他们调试的时候又发现千头万绪无法下手，而他们自己完全不清楚该怎么想、怎么做。严老师版教材作者在本章后面的内容中给出了顺序存储与链式存储两种存储结构下逻辑结构的一些基础操作(算法)细节，学生陷入细节后觉得跟学习 C 语言时的数组与链表操作没有什么区别。因而此教材一开始便给学生一种凌乱、看似简单但又无法成功调试程序的感觉。学生前期不能认识到严老师版教材的编程风格，导致不能认真仔细阅读教材中的内容，这会直接影响学生后期的学习态度与信心。

3. 学生对于以伪码形式的算法描述思想为主的数据结构教材的学习感到困难

严蔚敏版《数据结构》是数据结构课程的经典教材，其提供的思想描述以伪码形式给出，因此不论采用什么语言调试均需要做一定的补充与修改，这需要彻底搞清楚采用的数据结构及算法思想。这对学生掌握知识是有利的，但对初次接触该书代码的同学来讲则对如何补充修改代码毫无头绪。一部分同学初步搞清楚了思想但对补充与修改书中代码没有信心，于是按自己的理解编出凌乱的程序，不能掌握该教材的精华；另一部分同学因为前期简单的程序都没有能力调试通过而放弃了本课程的学习。

4. 学生因函数、链表等相关知识基础薄弱而影响了对本教材的学习

数据结构会大量使用链表；所涉及的解决问题的规模相比前面单纯学习一门计算机语言时庞大许多，程序必然采用函数实现，因此涉及大量的参数传递问题；几乎每个算法都需要通过参数修改主调函数某些参数的值，此时需采用指针作为函数的参数；还有部分问题采用指针数组、指针函数等复杂指针。上述知识均是学生学习 C 语言过程中的薄弱环节。又比如，在部分数据结构教材中顺序存储采用的是动态分配方式，使用的时候几乎按普通数组处理，但细节又有很大差别，学生在学习 C 语言时完全没有学习这些知识。但严蔚敏版《数据结构》从第 2 章即开始大量使用这些学生在学习第一门计算机语言时掌握较为薄弱的知识。实践教学过程中我们发现，面对简单的结构与算法学生不能调试出相关程序时，会严重影响这门课程的学习积极性与学习兴趣，并产生该课程非常难的偏见。

5. 学生对数据结构的知识在应用上产生较为固定的印象而非灵活性的思维过程

严蔚敏版的《数据结构》罗列了各种(逻辑)数据结构上常见的存储结构及常见算法，并给出了这些结构的简单应用，但对于为什么要采用某结构及为何这样设计算法则很少提及，即使提及时也往往用简单的文字一带而过。其实严老师版教材中的这些例子采用的结构与算法可能是合理的，但大多数情况下没有应用背景，只是描述算法本身，因而无法确定其合理性，学生往往会产生一种固定印象：这样的问题采用这种结构与算法就行。

这样会造成一种危害，即学生重点关注数据结构知识本身，而忘了数据结构学到的是思想本身，是思维方式。学生在今后的学习与工作中遇到的问题是多种多样的，如果教材中没有正好匹配的例子情形，他该怎么办？他可能直接采用了教材中的类似情形给出的一种方式，但这种方式是最好的吗？对于教材中没有类似情形的例子，他该如何思考，按什么方式能设计出合理的结构与算法？这里核心的问题是：对于教材中的应用，为什么就是这样的结构与算法是合理的？该教材怎么一下子就确定了这个方法？合理的过程应当是：算法提出者是验证了各种逻辑结构多种存储结构的合理算法后，思考、分析、比较得出的结论。严老师版教材缺少这方面的描述，它是直接给出一个较合理的结论，而使学生在思维方式、超越知识在更高层次抽象方面缺少锻炼。

6. 学生认为学习数据结构是枯燥的

严蔚敏版《数据结构》在讲解完每一种数据结构后均给出了经典的应用，其中结构与算法思想描述较为详尽，但学生往往只看到代码，觉得是枯燥的、与实际应用距离极遥远的。他们无法从这些代码看出自己学习的意义以及究竟能解决什么样的问题，觉得跟自己目前使用的各种软件工具都没有什么关系。因此，他们不能很好地产生兴趣，不能充分意识到这门课程对一个程序员而言在学习与工作中的重大意义。

以上这六个问题中前四个问题属于教材的使用问题(学生涉及的前期知识薄弱也属于此类问题)，后两个问题属于数据结构的知识应用问题。

二、本书的适用对象与使用方式

本书作者在长年的数据结构教学过程中观察、分析并发现学生的上述问题后，采用了一系列的方法、手段来解决这些问题。这些方法与手段中一部分是在具体内容教学过程中通过多样的讲解方式引导来实现的，一部分则是通过实验验证算法过程中限定一些要求让学生认真体会的，还有一部分则是通过让学生完成综合性的小项目以适当扩展内容的方式促其思考、感悟的。在实践过程中发现，这些方法与手段的采用有效地解决了学生在学习中遇到的上述问题，进而对学生提升编程兴趣及了解数据结构课程的本质起到了非常显著的作用。基于此，我们想到将这些教学与引导学生实践过程的内容、方法与手段等编写成书，让更多的读者受益。

本书即是将数据结构知识结合上述方法整理而得的。对于学习数据结构受困于上述(或部分)问题的学习者，可以参考本书。但本书重点在于实战，因此关于数据结构的术语及基本知识没有详细讲解，只是简单提及，读者可以将本书配合严蔚敏版《数据结构》教材一起使用。相比严老师的教材，本书针对不易理解的知识点用通俗的语言或换一种角度讲解，便于快速准确地理解。严老师的教材中对每种逻辑结构一般只提供了顺序存储或链式存储基本操作部分的伪代码，本书则对三大逻辑结构提供了顺序存储和链式存储基本操作的全部可调试代码，对于有此需要的学习者可以参考相关部分。严老师的教材对于每种逻辑结构给出了基本操作和简单应用，读者一般不清楚每一种结构该做怎样的题目进行实战锻炼，本书对此进行了提炼，给出了独立的题目和详细的描述，有此需要的读者可以参考此部分。

此外，针对C语言有编程需要的读者，本书按语言的知识点提供了简单讲解，并给出了大量的练习题目。

三、本书的具体内容编排

本书根据数据结构课内容的深浅分为初级、中级和高级(分别对应上篇、中篇和下篇)三个部分。其中,初级是针对 C 语言知识点的实战题目,C 语言编程无障碍的读者可以略过此部分。中级与高级按数据结构复杂程度划分,中级部分对应于简单结构,主要指线性表(包括特殊的线性表——线与队列),高级部分对应于复杂的结构,即树与图。这两部分均包括两块内容:基础知识与实战应用。其中基础知识部分包括逻辑结构描述和其上的两种存储结构特点以及在此基础上的常见操作(算法),实战应用部分指逻辑结构对应的应用。

在实际使用本书的过程中,中级的全部内容与高级的基础部分会在数据结构课程上课期间以上机实验验证的形式完成,这些基础知识并不复杂,学生应该可以全面完成,实现打牢算法基础的目的。高级中的实战应用部分是具有一定难度的项目实现,每类题目内部规模与难度接近,而每类题目之间按规模与难度递增。读者可以根据自己的实际情况选择一个或几个题目完成(完成这类题目需使用基础知识部分已实现的基本操作)。

四、关于本书需特别关注的几个要点

前面描述了使用严蔚敏版《数据结构》教材教学过程中出现的六个主要问题,这六个问题中前四个问题属于教材的使用问题,后两个问题属于数据结构的知识应用问题。本书编排的重点是解决这些问题,具体实现如下:

1. 针对严老师版教材使用上的问题的解决办法

本书采用对严老师版教材讲述的第一种结构即"第 2 章 线性表"的知识进行重新解构,学生如果能很好地掌握相关全部知识,则很容易进行后续章节的学习。具体方法如下:

(1) 为了让学生在学习初期即能很好地了解严蔚敏版《数据结构》的编排风格,本书重点将严老师版教材的"第 2 章 线性表"的内容进行全新梳理,特别是抽象数据类型中基本操作和应用算法的关系,抽象数据类型的操作实现与顺序存储和链式存储的关系(在本书中篇 "数据结构与算法中级基础与实战"中第 4 章的线性表部分)。内容还是严老师版教材中的内容,从知识间的相互关系讲解更为清楚。通过讲解学习严老师版教材的第 2 章,帮助理解严老师版教材的编排风格后,后续章节学生均能顺利理解掌握。

(2) 为了让学生理解数据结构与计算机语言的关系,对于原教材中第 1、2 个算法(即算法 2.1 与 2.2)关于线性表的基本操作(即调用的函数)要求采用 C 与 C++两种方式实现,使学生关注到语言只是解决问题的形式,可能有所不同,但解决问题的核心是算法的思想,语言只是算法思想的描述。

(3) 为了让学生加强对 C 语言指针、函数传地址、指针函数、链表、静态数组等知识的掌握,本书以图解的形式给出严老师版教材中例子程序运行时内存变量变化过程示意,让学生理解这些知识背后的本质逻辑,而非死记代码;严老师版教材中只有部分核心代码,想要完成任何一个简单程序必须补充其他代码及测试代码。要求学生补充的代码严格限定为严老师版教材中给出的抽象数据类型定义。用这些手段强制学生掌握相关知识。

(4) 为了让学生掌握将严老师版教材中的伪码转为可调试程序的方法，结合严老师版教材中给出的几个经典操作(以伪码形式给出)，本书描述原伪码与转化成可调试程序的思考过程，让学生掌握具体实现方法。

2. 针对学生在数据结构知识学习及应用中的问题的解决办法

(1) 为了让学生能用数据结构的思维解决问题，本书针对每一个问题(主要是在高级实战部分)，均会从三种逻辑结构的两种存储结构上至少这六个角度引导学生思考并设计算法，让学生体会选择最合理的一种逻辑结构与存储结构的过程。借此过程也可加深对各种逻辑结构及在此结构上的存储特点的理解与掌握。

(2) 为了让学生真正了解数据结构与实际应用的关系，在高级实战中的各个问题中，相比原教材均增加了背景要求，特别增加了可操作界面。比如，关于"表达式求值"问题，这里给出的题目为实现 Windows 计算器。再比如，最短路径问题中，要求给出一个实际地图，当输入起始城市与终点城市时，会在地图上标出两城市间的最短路径。这样可以让学生体会到数据结构与当下使用的软件密切相关，增加学习的趣味性，激发学生学习的兴趣与动力。

上　篇

数据结构与算法初级基础与实战

第1章 C 语言的简单程序设计

1.1 三大程序结构

1.1.1 顺序结构程序设计

一、内容提要

1. 变量名(标识符)命名规则

2. 基本数据类型

基本数据类型有 int、float、char 三种。类型名决定了为变量分配内存空间大小、在内存中的数值表示范围及精度等。

3. 运算符

算术运算符：=、+、−、*、/、%、+=、−=、*=、/=、%=、++、−−；

逻辑运算符：!、&&、||；

关系运算符：>=、>、<、<=、==、!=。

注意：

(1) 如果"/"除法运算符的两边都是整数，则结果会丢失小数部分即含义为整除。

(2) 关系运算符不要连写。比如有语句：

    int a = 70;

表达式 3<a<20 的运算结果为"真"，这显然是错误的。应该改写为(a>3)&&(a<20)，结果为"假"，即不成立，此为想要的正确运算结果。

4. 表达式求值

运算规则：

(1) 按运算符的优先级高低次序执行。例如，先乘除后加减。

(2) 如果在一个运算对象(或称操作数)两侧的运算符的优先级相同,则按 C 语言规定的结合方向(结合性)进行。

5. 输入输出函数

1) getchar()

getchar()函数的功能是等待输入直到按回车键才结束，回车前的所有输入字符都会逐个显示在屏幕上，但只有第一个字符作为函数的返回值。例如：

    #include<stdio.h>

    #include<string.h>

```
int main()
{
    char c;
    c = getchar();              /*从键盘读入字符直到回车结束*/
    putchar(c);                 /*显示输入的第一个字符*/
        return 0;
}
```

2) putchar()

putchar()函数是向标准输出设备输出一个字符，其调用格式为：

```
putchar(ch);
```

其中，ch 为一个字符变量或常量，putchar()函数的作用等同于 printf("%c", ch)。

注意：该输出函数调用一次只能输出一个字符，要输出多个字符必须调用多次。

3) scanf()

scanf()函数的调用格式为：

```
scanf("<格式化字符串>", <地址表>);
```

地址表是需要读入的所有变量的地址，而不是变量本身。在使用该函数输入数据时，常见的错误主要有以下几种类型：

(1) 输入列表中，变量名前忘记加取地址符号&。例如：

```
scanf("%d, %d", a, b);      (此语句有错)
```

改为：

```
scanf("%d, %d", &a, &b);
```

(2) 格式控制字符与变量的类型不一致。例如：

```
float a, b;
    scanf("%d, %d", &a, &b);      (此语句有错)
```

改为：

```
scanf("%f, %f", &a, &b);
```

(3) 输入数据的格式与 scanf()函数中的格式控制字符串不一致。例如：

```
scanf("%d, %d", &a, &b);
```

输入数据：

3 4 (此输入有错)

应改为：

3, 4

以上几种常见错误都会导致输入的数据不能正确地存放到相应的变量中。

4) printf()

printf()函数是格式化输出函数，一般用于向标准输出设备按规定格式输出信息。printf()函数的调用格式为：

```
printf("<格式化字符串>", <输出列表>);
```

二、练习

设一个圆柱体的底半径为 r，高为 h。试设计一程序，从键盘输入 r、h；计算并在显示器上输出该圆的周长 l、底面积 s、表面积 S、圆体积 v 和圆柱体积 V。

1. 要求

(1) r、h 用 scanf 函数输入，且在输入前要有提示；

(2) 在输出结果时要有文字说明，每个输出值占一行，且小数点后取 2 位数字。

2. 思路

(1) 圆面积计算公式为 $s = \pi r^2$，其中 r 计算半径为圆半径。

(2) 确定计算面积、体积等要求的正确计算公式。

3. 练习点

(1) 使用输入输出函数；

(2) 数值计算；

(3) 查阅资料。

4. 测试数据

(1) r = 1, h = 1;

(2) 其它各种正常及异常数据。

1.1.2 选择结构程序设计

一、内容提要

1. if 条件选择

if 条件选择有三种类型。

类型一：

    if (表达式)

        语句 1；

类型二：

    if (表达式)

        语句 1；

    else

        语句 2；

类型三：

    if (表达式 1)

        语句 1；

    else   if (表达式 2)

        语句 2；

    else   if (表达式 3)

        语句 3；

    else

        语句 4；

注意：当满足条件需要执行的语句有两条及以上时，需要在多条语句前后加 { }。

2. switch case

语句格式为：

```
switch(表达式)
{
      case  常量 1: 语句 1 或空；
      case  常量 2: 语句 2 或空；
                              …
      case  常量 n:语句 n 或空；
      default: 语句 n+1 或空；
}
```

使用 switch 语句的注意事项如下：

(1) 表达式的结果是整型或字符数据类型；

(2) 每个 case 或 default 后的语句可以是语句体，但不需要使用"{"和"}"括起来；

(3) 语句中的"{"和"}"不能少。

二、练习

从键盘输入一个百分制成绩，要求输出成绩对应等级"A"、"B"、"C"、"D"、"E"，规则为：90 分以上为"A"，80～89 分为"B"，70～79 分为"C"，60～69 分为"D"，60 分以下为"E"。分别用 if…else 和 switch case 语句实现。

1.1.3　循环结构程序设计

一、内容提要

1. 三种循环结构

1) while

while 循环的一般形式为：

```
while(条件)
      语句；
```

while 循环表示当条件为真时便执行语句，直到条件为假才结束循环。循环结束后继续执行循环体外的后续语句。

2) do-while

do-while 循环的一般格式为：

```
do
      语句；
while(条件);
```

这个循环与 while 循环的不同在于：它先执行循环中的语句，然后再判断条件是否为真，如果为真则继续循环；如果为假，则终止循环。因此，do-while 循环至少要执行一次循环语句。

同样的，当有许多语句参加循环时，要用"{"和"}"把它们括起来。

3）for

for 循环的一般形式为：

　　　for(表达式 1；表达式 2；表达式 3)

　　　　语句；

执行过程如下：

① 执行表达式 1。

② 判断表达式 2 是否成立。如果成立，则转③；如果不成立，则转⑤。

③ 执行一次循环体。

④ 执行表达式 3，回到②。

⑤ for 语句执行结束。

2. 循环嵌套

一个循环体内又包括另一个循环结构即是嵌套关系，也可多层循环嵌套。while、do–while 和 for 三种循环可以互相嵌套。

3. break 语句和 continue 语句

1）break 语句

功能：强制结束循环——跳出循环体；

使用范围：循环语句和 switch 语句。

2）continue 语句

功能：强制结束本次循环——并不跳出循环体，而是继续执行下一次循环的条件判断。

4. 所有循环结构应注意的三个问题

(1) 控制变量的初始化。

(2) 循环的条件设置合理，注意循环结束条件，切忌陷入死循环。

(3) 循环控制变量的更新。

二、练习

(1) 编写一程序 P704.C，实现以下功能：一个数如果恰好等于它的因子之和，则这个数就称为"完数"，例如 6 = 1 + 2 + 3。从键盘输入一个正整数(约定该数小于等于 32 767，此时因子数小于等于 100)，找出该数以内的所有完数及其因子。编程可用素材：printf("Please input an integer: ")、printf("… is a wanshu"…)、printf(" %d"…)。

程序的运行效果应类似图 1-1-1 所示界面，图中的"1000"是从键盘输入的内容。

图 1-1-1　程序运行效果示例

(2) 编写一程序 P220.C，实现以下功能：从键盘读入一行字符(约定：字符数小于等于 127 B)，统计及输出其中的字母、数字、空格和其他符号的个数。编程可用素材：printf("Please input string: ")、printf("\nzimu = …, shuzi = …, kongge = …, qita = …\n"…)。

程序的运行效果应类似图 1-1-2 所示界面，图中的"gfAsk…faf32535"是从键盘输入的内容。

图 1-1-2　程序运行效果示例

(3) 编写一程序 P211.C，实现以下功能：根据输入的 n 在屏幕上显示对应的以#组成的菱形图案。编程可用素材：printf("Please input n: ")。

程序的运行效果应类似图 1-1-3 和图 1-1-4 所示界面，图 1-1-3 中的"1"和图 1-1-4 中的"5"是从键盘输入的。

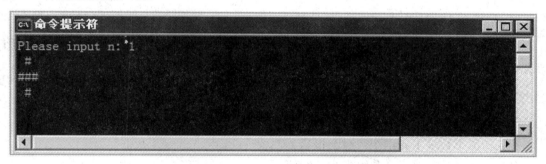

图 1-1-3　程序运行效果示例(n = 1 时)

图 1-1-4　程序运行效果示例(n = 5 时)

1.2　数组的使用

1.2.1　一维数组程序设计

一、内容提要

1. 定义

一维数组的定义为：

    类型名　数组名[常量表达式];

例如：

    int　a[10];

其中，常量表达式必须是整数或符号常量组成的表达式，不能有变量。

2. 初始化

定义数组的同时为其元素赋初值。例如：

    int　a[10] = {10, 11, 12, 13, 14, 15, 16, 17, 18, 19};

注意：

(1) 值类型应与所说明类型一致。

(2) 第 1 个数值必给 a[0]，依次给各元素赋初值，所以不能跳过前面的元素给后面的元素赋初值。

(3) 初值个数少于元素个数时，后面的自动补"0"。例如：

    int　a[5] = {0};　⇔　int　a[5] = {0, 0, 0, 0, 0};

    char　b[4] = {'a'};　⇔　char b[4] = {'a', '\0', '\0', '\0'};

(4) 初值个数多于元素个数时会报错。

(5) 可通过赋初值定义数组大小。例如：

    int　a[ ] = {0, 0, 0, 0, 0};⇔int a[5] = {0};

        ↑(下标不必标值)

3. 引用

一维数组的表示形式为：

    数组名[下标表达式]

如果已定义：

    int　a[5];

则下标取值范围为 0~4 的整数。

二、练习

编写一程序 P706.C，实现以下功能：输入任意 10 个整数，对这 10 个整数从小到大排序并输出。编程可用素材：printf("Please input 10 number:\n")、printf("%5d"...)。

　　程序的运行效果应类似图 1-2-1 所示界面，图中的 "10 34 546 234 678 2 6 24 67 23" 是从键盘输入的内容。

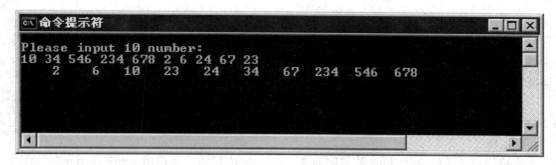

图 1-2-1　程序运行效果示例

1.2.2　二维数组程序设计

一、内容提要

1. 定义

二维数组的定义为

　　　类型符　数组名[常量表达式][常量表达式];

例如：

　　　float a[3][4], b[5][10];

注意：二维数组可被看做一种特殊的一维数组，它的元素又是一个一维数组。例如，把 a 看做一个一维数组，它有 3 个元素，即 a[0]、a[1]、a[2]，每个元素又是一个包含 4 个元素的一维数组。

2. 初始化

例如：

　　　int a[3][4] = {{1, 2, 3, 4}, {5, 6, 7, 8}, {9, 10, 11, 12}};

等价于：

　　　inta[3][4] = {1, 2, 3, 4, 5, 6, 7, 8, 9, 10, 11, 12};

又如：

　　　int a[3][4] = {{1}, {5}, {9}};

等价于：

　　　int a[3][4] = {{1, 0, 0, 0}, {5, 0, 0, 0},　{9, 0, 0, 0}};

再如：

　　　int a[3][4] = {{1}, {5, 6}};

等价于：

　　　int a[3][4] = {{1}, {5, 6}, {0}};

3. 引用

二维数组元素的表示形式为：

数组名 [下标][下标]

二、练习

(1) 编写一程序 P748.C，实现以下功能：从键盘上输入矩阵的阶数 n(n≤14)，矩阵中元素的值等于其位置的行数和列数之和的 n 倍(行列的值从 0 开始计数)。例如 n = 3 时，矩阵为：

```
0    3    6
3    6    9
6    9   12
```

先输出该矩阵(显示时每个数宽度为 4、右对齐)，然后计算输出 sum1 和 sum2 的值：sum1 为矩阵中所有不靠边元素之和，sum2 为矩阵的一条对角线元素之和。编程可用素材：printf("Enter n: ")、printf("\nsum1 = ...nsum2 = ...\n"...)。

程序的运行效果应类似图 1-2-2 所示界面，图中的 "3" 是从键盘输入的内容。

图 1-2-2   程序运行效果示例

(2) 编写一程序 P313.C，实现以下功能：求任意的一个 m × n 矩阵的鞍点(鞍点是指该位置上的元素在该行上为最大、在该列上为最小，矩阵中可能没有鞍点，但最多只有一个鞍点)。m、n(2≤m≤0、2≤n≤20)及矩阵元素从键盘输入(只考虑 int 型和每行、每列中没有并列最大/最小的情况)。编程可用素材：printf("Please input m and n:")...、printf("Please Input a juZhen(... hang, ... lie):\n")...、printf("\nmei you an dian.\n")...、printf("\nyou an dian, wei: juZhen[...][...] = ...\n"...)。

程序的运行效果应类似图 1-2-3 和图 1-2-4 所示界面，图 1-2-3 中的 "5 6" 和下列数据

```
31    42    36    74    2358    88
32    57    37    43    47    1447
97    51    257    7    445    459
33    65    44    3    425    43
68    3425    82    789    123    2134
```

及图 1-2-4 中的 "5 6" 和下列数据

```
31    42    1136    74    2358    88
32    57    4137    43    47    1447
```

　　97　51　1257　7　445　459

　　33　65　744　3　425　43

　　68　3425　2182　789　123　2134

是从键盘输入的内容。

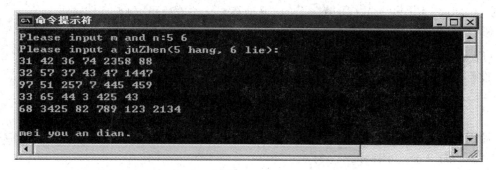

图 1-2-3　程序运行效果示例

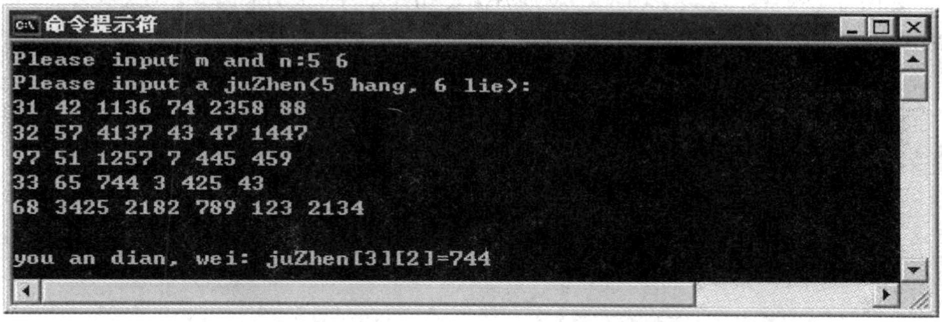

图 1-2-4　程序运行效果示例

1.2.3　字符数组程序设计

一、内容提要

1. 字符串与字符数组

(1) 字符数组：不要求最后字符是什么，但若加上 '\0'，可被"看做"字符串变量，但与一般变量有别，因为不能将字符串或另一字符数组赋值给它，只能让它存放字符串。

(2) 字符串：存放在字符数组中，末尾以 '\0' 结束(由系统自动加上)，标志字符串的结束。字符串是字符数组的具体应用。

2. 字符数组的初始化

(1) 用给一般数组赋初值的相同方式给一维字符数组赋初值。例如：

　　char　str[10] = {'s', 't', 'u', 'd', 'e', 'n', 't', '\0' };

(2) 在赋初值时，直接赋字符串常量。例如：

　　char　str[10] = {"student"};　　　　/*系统自动在其后加'\0'*/

等价于：

```
    char    str[10] = "student";
```
不报错：
```
    char    str[7] = "student";              /*但将破坏其它数据或程序代码*/
```
合法方式：
```
    char    str[ ] = "student";              /*被分配 8 个存储单元*/
```
3. 字符数组的输入和输出
(1) 逐个字符输入和输出。
设已定义：
```
    char    str[11];
     int    i;
```
调用 getchar( )输入字符数组代码为：
```
        for(i = 0; i<10; i++)
          str[i] = getchar( );
    str[i] = '\0';                           /*输入 10 个字符，人为地加结束标志*/
```
调用 putchar(ch)输出字符串代码为：
```
    i = 0;
    while(str[i] != '\0')
    {
        putchar(str[i]);
        i++;
    }
    putchar('\n');
```
(2) 用格式说明符 "%s" 进行整串输入和输出。
① 输入。例如：
```
    char    str1[10], str2[10];
    scanf("%s%s", str1, str2);
```
　　　　　　　　　↑　　↑ (输入列表中是数组名，数组名前不能有&符号)
因为数组名本身就是地址。若键入"try　again↵"，try 存入 str1，again 存入 str2(空格和回车是分隔符，不能被输入)。
② 输出。在 printf 中使用说明符 "%s" 可实现字符串整体输出。例如：
```
    printf("%s", str_adr);
```
将从指定地址输出一个串，遇到 '\0' 结束('\0' 不输出)，输出结束不换行。
```
    char    str[ ] = "first\0second\0end";
    printf("%s", str);            /*输出 first*/
    printf("%s", &str[6]);        /*输出 second*/
```

二、练习

(1) 编写一程序 P726.C，实现以下功能：从键盘上读入一行字符，在屏幕上输出行字符的长度及内容(先输出长度，后输出内容)。

注意：

① 以回车表示行结束且回车不计入输入内容。若读入过程中发生错误或遇到文件结束，则也表示行输入结束。

② 若用户输入时输入了很多字符，则仅读入前 100 个字符。

③ 不能使用库函数 gets、fgets、strlen 或使用同名的变量、函数、单词。

④ 编程可用素材：printf("input a string: ")、printf("\nThe string lenth is: …")、printf("\nThe string is: …")。程序的运行效果应类似图 1-2-5 所示界面，图中 "123456 vdget 7u84, y37f" 是从键盘输入的内容。

图 1-2-5　程序运行效果示例

(2) 编写一程序 P719.C，实现以下功能：从键盘上输入 5 个字符串(约定：每个字符串中字符数小于等于 80 B)，对其进行升序排序并输出。编程可用素材：printf("Input 5 strings:\n")、printf("----------------------------\n")。

程序的运行效果应类似图 1-2-6 所示界面，图中的下列内容是从键盘输入的内容：

　　　　hello
　　　　My
　　　　Friend
　　　　are you ready?
　　　　help me!

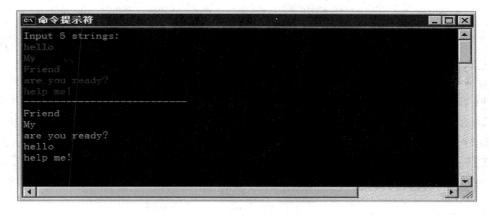

图 1-2-6　程序运行效果示例

第 2 章　C 语言的复杂程序设计

2.1　函数的使用

一、子函数的使用

C 语言中子函数的使用包括三个部分：函数申明、函数调用和函数定义。例如：

```
#include <stdio.h>
int main()
{
    int max(int   x, int   y);              /*max 子函数申明*/
    int a, b, c;
    printf("two integer numbers: ");
    scanf("%d, %d", &a, &b);
    c = max(a, b); /*max 子函数调用*/
    printf("max is %d\n", c);
}
int   max(int   x, int   y);              /*max 子函数定义及实现*/
{
    int z;
    z = x>y?x:y;
    return   z;                          /*max 子函数有返回值*/
}
```

二、实参与形参

(1) 在函数调用中出现的参数称为实参，如上例 max 函数调用 max(a, b)中，a、b 为实参。

(2) 在函数定义中出现的参数称为形参，如上例 max 函数定义 max(int x, int y)中，x、y 为形参。

注意：当执行函数调用时，实参与形参的关系为单向值传递，即"x = a; y = b;"，因此一个函数的实参与形参个数及数据类型都要保持一致。

三、书写函数

步骤 1：确定函数功能(取函数名)，即要实现什么功能。

　　步骤 2：确定参数，即要实现函数功能是否需要参数，需要几个参数，每一个参数是什么数据类型。

　　步骤 3：确定返回值，即是否需要返回值，如果需要，应返回一个什么类型的数据。

2.1.1　普通函数的使用

一、内容提要

　　当函数调用中实参的数据类型为 int、char、float 等简单基本的数据类型时，相应子函数中的形参也为对应的 int、char、float。需要注意的是，这种子函数中的形参无论怎样变化，对实参毫无影响。

二、练习

　　编写一程序 P816.C，实现以下功能：程序 P816.C 已编写部分代码(如下)，根据程序中的要求完善程序(在指定的位置添加代码或将_____换成代码)。

　　注意：除指定位置外，不能对程序中已有部分做任何修改或重新编写一个程序，否则做 0 分处理。

　　程序的功能是：输入两个整数 m 和 n，输出大于等于 m(m > 5)的 n 个素数，输出的各素数间以空格相隔。(注：素数(Prime Number)亦称质数，指在一个大于 1 的自然数中，除了 1 和此整数自身外，没法被其他自然数整除的数。)

　　程序的运行效果应类似图 2-1-1 所示界面，图中的"17, 5"是从键盘输入的内容。

图 2-1-1　程序运行效果示例

部分代码：

```
#include <stdio.h>
#include <math.h>

/*userCode(<50 字符)：自定义函数之原型声明*/
_____

int main(void)
```

```
{
    int m, n, cnt;

    printf("Input the m, n: ");
    scanf("%d, %d", &m, &n);

    printf("\nThe result:\n");
    for (cnt = 0; cnt<n; m++)
    {
        _____    /* userCode(<50 字符): 调用函数判断 m 是否为素数  */
        {
            printf("%d ", m);
            cnt++;
        }
    }
    putchar('\n');
    return 0;
}


    /* User Code Begin: 考生在此后完成自定义函数的设计, 行数不限*/
```

2.1.2 数组名做参数

一、内容提要

普通变量做参数时, 由于是单向值传递, 因此子函数中形参无论怎么变化, 对主调函数中的变量不会有任何影响。但在某些时候, 我们希望在子函数中可以对主调函数中的数组元素进行修改, 那么这个时候, 实参就必须是数组名。对应的形参数据类型的定义与实参数据类型定义相同即可。

二、练习

(1) 编写一程序 P241.C, 实现以下功能: 程序 P241.C 已编写部分代码(如下), 根据程序中的要求完善程序(在指定的位置添加代码或将_____换成代码)。

注意: 除指定位置外, 不能对程序中已有部分做任何修改或重新编写一个程序, 否则做 0 分处理。

程序的功能是: 从键盘分别读入 5 个数到 arrA 中、8 个数至 arrB 中, 然后分别调用自定义函数输出数组 arrA 和 arrB 的各元素。

程序的运行效果应类似图 2-1-2 所示界面, 图中的"1 2 3 4 5"和"11 22 33 44 55 66

77 88"是从键盘输入的内容。

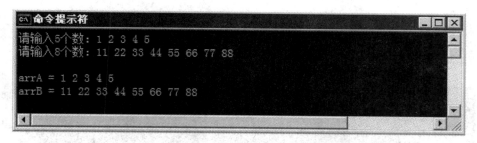

图 2-1-2　程序运行效果示例

部分代码：

```
#include <stdio.h>

/* userCode(<50 字符)：自定义函数之原型声明*/
_____

int main(void)
{
    int arrA[5], arrB[8];

    printf("请输入 5 个数:");
    scanf("%d%d%d%d%d", &arrA[0], &arrA[1], &arrA[2], &arrA[3], &arrA[4]);
    printf("请输入 8 个数:");
    scanf("%d%d%d%d%d%d%d%d", &arrB[0], &arrB[1], &arrB[2], &arrB[3], &arrB[4], &arrB[5],
&arrB[6], &arrB[7]);

    printf("\narrA = ");
    _____      /* userCode(<30 字符)：调用函数输出 arrA 的所有元素*/
    printf("\narrB = ");
    _____      /* userCode(<30 字符)：调用函数输出 arrB 的所有元素*/

    return 0;
}

/* User Code Begin：考生在此后完成自定义函数的设计，行数不限 */
```

(2) 编写一程序 P814.C，实现以下功能：程序 P814.C 已编写部分代码(如下)。根据程序中的要求完善程序(在指定的位置添加代码或将_____换成代码)。

注意：除指定位置外，不能对程序中已有部分做任何修改或重新编写一个程序，否则做 0 分处理。

程序的功能是：输入 3 行 3 列的矩阵，输出所有元素的累加和。

程序的运行效果应类似图 2-1-3 所示界面，图中的下列内容是从键盘输入的内容：

9	20	13
16	51	79
32	8	6

```
C:\命令提示符
Please input the 3x3 Matrix:
9  20 13
16 51 79
32 8  6

sum=234
```

图 2-1-3　程序运行效果示例

部分代码：

```c
#include <stdio.h>
/* userCode(<50 字符)：自定义函数之原型声明 */

_____


int main(void)
{
    int num[3][3], i, j, sum;

    printf("Please input the 3x3 Matrix:\n");
    for (i = 0; i<3; i++)
    {
        for (j = 0; j<3; j++)
        {
            scanf("%d", &num[i][j]);
        }
    }

    _____         /* userCode(<50 字符)：调用函数计算矩阵所有元素之和*/
    printf("\nsum = %d\n", sum);
    return 0;
}


    /* User Code Begin：考生在此后完成自定义函数的设计，行数不限*/
```

(3) 编写一程序 P781.C，实现以下功能：从键盘上输入 5 个字符串(约定：每个字符串中字符数小于等于 80 B)，对其进行升序排序并输出。

程序中不能使用库函数 strcpy、strcat、strncat、strncpy、memcpy、strcpy、memicmp、memcmp、stricmp、strncmp、strncmpi、strnicmp、strcmp 和 strcmpi 或使用同名的变量、函数、单词。

编程可用素材：printf("Input 5 strings:\n")、printf("---------------------------\n")...。

程序的运行效果应类似图 2-1-4 所示界面，图中的下列内容是从键盘输入的内容：

　　　　hello

　　　　My

　　　　Friend

　　　　are you ready?

　　　　help me!

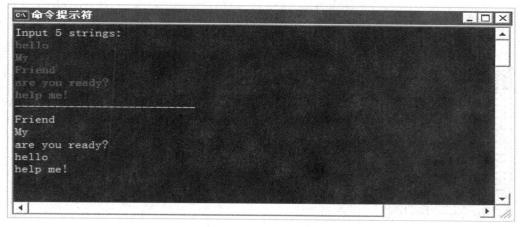

图 2-1-4　程序运行效果示例

2.1.3　函数的递归调用

一、内容提要

在调用一个函数的过程中又出现直接或间接地调用该函数本身，称为函数的递归调用。例如，一个求 n! 的子函数 fac(n)，n! = n*(n − 1)!，即 fac(n) = n * fac(n − 1)；(n − 1)! = (n − 1) * (n − 2)!，即 fac(n − 1) = (n − 1) * fac(n − 2)；……；直到 n = 0 时 fac(0) = 1。

二、练习

编写一程序 P813.C，实现以下功能：程序 P813.C 已编写部分代码(如下)，根据程序中的要求完善程序(在指定的位置添加代码或将＿＿＿＿＿换成代码)。

注意：除指定位置外，不能对程序中已有部分做任何修改或重新编写一个程序，否则做 0 分处理。

程序的功能是：有一递推数列，满足 f(0) = 0，f(1) = 1，f(2) = 2，f(n+1) = 2f(n) + f(n − 1)f(n − 2) (n≥2)，编写程序求 f(n) 的值(n 由键盘输入，2≤n≤13)。

程序的运行效果应类似图 2-1-5 所示界面，图中的"10"是从键盘输入的内容。

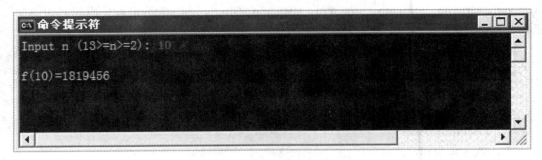

图 2-1-5　程序运行效果示例

部分代码：

```
#include <stdio.h>
/* userCode(<50 字符)：自定义函数之原型声明*/
_____

int main(void)
{
    int n;
    double fn;

    printf("Input n (13 >= n >= 2): ");
    scanf("%d", &n);

    _____ /* userCode(<50 字符)：调用函数计算 fn */
    printf("\nf(%d) = %.0f\n", n, fn);

    return 0;
}

/* User Code Begin：考生在此后完成自定义函数的设计，行数不限*/
```

2.2　指针的使用

2.2.1　指针的基本使用

一、内容提要

(1) 什么是指针？指针是一种数据类型，可用于存放内存单元地址。

(2) 指针的定义：基类型　*　指针变量名。例如：

    int　*p, *q;　//定义了两个指向整型数据的指针 p 和 q

(3) 指针指向：&运算。例如：

    int a = 3;

    int *p = &a;

整型指针 p 指向了整数 a。

(4) 引用指针所指向的内存单元内容：* 运算。例如：

    int　a = 3;

    int　*p = &a;

    printf("%d", *p);

(5) 指针做函数参数。

(6) 指向数组元素的指针。

(7) 指向字符的指针。

(8) 通过指针引用数组元素。例如：

    int　a[5] = {2, 5, 1};

    int *p = a;

访问第 i+1 个元素 a[i]：*(a+i)或者 *(p+i)。

注意：数组名为第一个元素 a[i]的地址，是一个指针常量，不能进行"a++"运算。

二、练习

(1) 根据要求编写程序 P788.C 的指定部分：程序 P788.C 已编写部分代码(如下)，根据程序中的要求完善程序(在指定的位置添加代码或将_____换成代码)。

注意：除指定位置外，不能对程序中已有部分做任何修改或重新编写一个程序，否则做 0 分处理。

程序的功能是：先从 main 函数中输入数组长度 n(约定 n≤20)，再调用自定义函数 scanfArr 完成数组中的每个元素的读入，然后分别调用自定义函数 maxArr、aver 计算数组元素的最大值、平均值，最后输出最大值、平均值。要求用指针完成函数中数组参数的传递以及各个数组元素的访问，即自定义函数头和函数体中不得出现数组下标形式的表示法。

程序的运行效果应类似图 2-2-1 所示界面，图中的"9"和"1 82 23 25 5 61 72 18 39"是从键盘输入的内容。

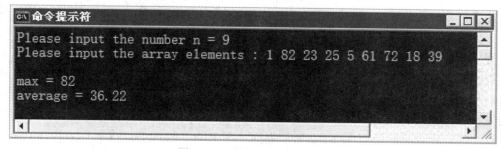

图 2-2-1　程序运行效果示例

部分代码：

```
#include <stdio.h>

/*本部分代码功能建议：函数原型声明*/
/* User Code Begin(Limit: lines <= 3, lineLen <= 80, 考生可在本行后添加代码，最多 3 行，行长
小于等于 80 字符) */

/* User Code End(考生添加代码结束。注意：空行和单独为一行的{与}均不计行数，行长不计行
首 tab 缩进量) */

int main(void)
{
    int Data[20], n, max;
    double average;

    printf("Please input the number n = ");
    scanf("%d", &n);
    printf("Please input the array elements : ");
    scanfArr(Data, n);

    max = maxArr(Data, n);
    average = aver(Data, n);
    printf("\nmax = %d\naverage = %.2f\n", max, average);

    return 0;
}
```

/* User Code Begin：考生在此后完成自定义函数的设计，行数不限*/

(2) 根据要求编写程序 P789.C 的指定部分：程序 P789.C 已编写部分代码(如下)，根据
程序中的要求完善程序(在指定的位置添加代码或将＿＿＿＿＿换成代码)。

注意：除指定位置外，不能对程序中已有部分做任何修改或重新编写一个程序，否则
做 0 分处理。

程序的功能是：从键盘上读入一行字符，删除除英文字母"A~Z、a~z"外的所有其
它字符，并输出剩余的字符。要求用指针完成函数中数组参数的传递以及各个数组元素的
访问，且函数中不得再定义和使用数组，即自定义函数头和函数体中不得出现数组下标形
式的表示法。

程序的运行效果应类似图 2-2-2 所示界面，图中的"123abEc45X g * DZ!978wmv"是
从键盘输入的内容。

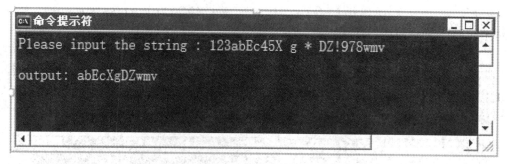

图 2-2-2　程序运行效果示例

部分代码：

```c
#include <stdio.h>

/* userCode(<80 字符)：自定义函数之原型声明*/
_____

int main(void)
{
    charstr[100];

    printf("Please input the string : ");
    gets(str);

    deleteother(str);
    printf("\noutput: %s\n", str);

    return 0;
}
```

/* User Code Begin：考生在此后完成自定义函数的设计，行数不限*/

(3) 根据要求编写程序 P808.C 的指定部分：程序 P808.C 已编写部分代码(如下)，根据程序中的要求完善程序。

注意： 除指定位置外，不能对程序中已有部分做任何修改或重新编写一个程序，否则做 0 分处理。

程序的功能是：

① 从键盘上先后读入两个字符串，假定将其存储在字符数组 str1 和 str2 中。

注意： 这两个字符串最长均可达到 127 个字符，最短均可为 0 个字符。

② 将字符串 str2 插入字符串 str1 中，插入方法为：str2 的第 i 个字符插入到原 str1 的第 i 个字符后，如果 str2 比 str1 长(假定 str1 的长度为 L1)，则 str2 的第 L1 个字符开始到 str2 结尾的所有字符按在 str2 中的顺序放在新生成的 str1 后。

提示：合并时可使用中间数组。例如，str1 输入为 "123456789"，str2 输入为 "abcdefghijk"，则输出的 str1 为：

　　　1a2b3c4d5e6f7g8h9ijk

③ 在屏幕上输出新生成的 str1。

程序的运行效果应类似图 2-2-3 所示界面，图中的"123456789"和"abcdefghijk"是从键盘输入的内容。

图 2-2-3　程序运行效果示例

部分代码：

```c
#include <stdio.h>
#include <string.h>

#define N 128

voidconj(char *string1, char *string2);

int main(void)
{
    char str1[N * 2], str2[N];

    printf("Please input string1:");
    gets(str1);
    printf("Please input string2:");
    gets(str2);

    /*本部分代码功能建议：调用函数 conj()完成 str1 和 str2 的合并*/
    /*User Code Begin(Limit: lines <= 1, lineLen <= 50, 考生可在本行后添加代码，最多 1 行，行
长小于等于 50 字符) */


      /* User Code End(考生添加代码结束。注意：空行和单独为一行的{与}均不计行数，行长不
计行首 tab 缩进量) */
```

```
        printf("\nstring1:%s\n", str1);

        return 0;
    }
```

　　/* User Code Begin(考生在此后根据设计需要完成程序的其它部分，如函数 conj，行数不限) */

2.2.2　指针的复杂使用

一、内容提要

1. 二维数组中的行指针与列指针
例如：

```
        int a[3][5]
```

其中，a、a+1、a+2 为行指针，a[0]、a[1]、a[2] 为列指针。
　　注意：二维数组的数组名是一个行指针。
　　2. 行指针与列指针的转换
　　注意：行指针是不能访问所指向的一维数组里具体每个元素的，只有列指针才可以，因此，访问 a[i][j]必须用列指针。
　　行指针与列指针的关系为：*(a+i) 等价于 a[i]；a+i　等价于 &a[i]。
　　3. 行指针与列指针访问 a[i][j]
　　a[i][j] 可用行指针和列指针进行读取，其表达式为*(*(a+i) +j)及*(a[i]+j)。
　　4. 行指针定义
　　行指针定义为：

```
        基类型 (*p)[N];
```

其中，p 是一个指向包含有 N 个基类型元素的一维数组的行指针。
　　5. 返回指针的函数
　　返回指针的函数即函数返回值是一个指针。
　　6. 指向函数的指针
　　例如，一个子函数如下：

```
        int max(int x, int y);

        int (*p)(int, int);

        p = max;
```

　　注意：函数名本身就是这个函数在内存中的首地址，类似于数组名。
　　7. 指针数组
　　数组里面的元素为指针类型，其定义形式如下：

```
        基类型 *p[5];
```

按照运算符的结合方向，p 首先与后面的[ ]运算符结合，因此 p 是一个数组名，里面有 5 个元素，每个元素是一个指针。

注意：需要将行指针与基类型 (*p)[5]区别开来。

8. 指向指针的指针

指向指针的指针的定义形式如下：

　　基类型 **p;

指针数组数组名本质上就是一个指向指针的指针。

9. 指针类型小结

(1) int *p[n]为指针数组，其中有 n 个指针均指向整数。

(2) int (*p)[n]为行指针，p 为指向含 n 个元素的一维整型数组的指针变量。

(3) int *p() 为指针函数，p 为返回一个指针的函数，该指针指向整型数据。

(4) int (*p)()为函数指针，该函数返回一个指向整型值的指针。

(5) int **p 为二重指针，p 是一个指针变量，它指向的变量又指向一个整型量。

二、练习

(1) 根据要求编写程序 P797.C 的指定部分：程序 P797.C 已编写部分代码(如下)，根据程序中的要求完善程序(在指定的位置添加代码或将_____换成代码)。

注意：除指定位置外，不能对程序中已有部分做任何修改或重新编写一个程序，否则做 0 分处理。

程序的功能是：从键盘读入 5 行 9 列整数保存到二维数组中，调用用户自定义函数查找数组中的最大元素(约定只考虑仅有一个最大元素的情况)及其所在位置的行下标、列下标。

程序的运行效果应类似图 2-2-4 所示界面，图中的 5 行数字均是从键盘输入的内容。

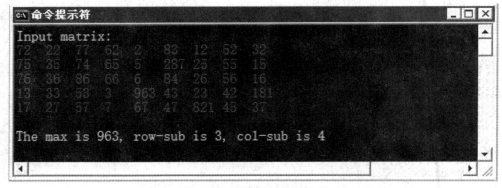

图 2-2-4 程序运行效果示例

部分代码：

```
#include <stdio.h>

/* userCode(<80 字符): 自定义函数之原型声明*/
_____
```

```
int main(void)
{
    int array[5][9], i, j, max, maxRow, maxCol;

    printf("Input matrix:\n");
    for (i = 0; i < 5; i++)
    {
        for (j = 0; j < 9; j++)
        {
            scanf("%d", &array[i][j]);
        }
    }
    /*userCode(<80 字符): 调用函数查找数组中最大元素及其所在位置的行下标、列下标*/
    _____

    printf("\nThe max is %d, row-sub is %d, col-sub is %d\n", max, maxRow, maxCol);

    return 0;
}
    /* User Code Begin: 考生在此后完成自定义函数的设计，行数不限*/
```

(2) 编写一程序 P115.C，实现以下功能：制作一简单的计算器。

注意：

① 需要计算的内容从命令行输入，格式为：

　P115　数 1 op　数 2

当命令行格式不正确(参数个数不为 4)时，应报错。

② op 的取值范围为 +、-、*、/、%，超出此范围则应报错。

③ 数 1 和数 2 均为整数(int)，op 为 +、-、* 时不考虑运算结果超出 int 型能表示的范围，op 为 /、% 时不考虑除数为 0 的情况，但 op 为 / 时计算结果应保留两位小数。

④ 程序的返回值(即由 main 函数 return 的值和程序使用 exit 终止运行时返回的值，也称退出代码)规定为：

- 正常运行结束时返回 0；
- 命令行格式不对时返回 1；
- op 超出范围时返回 2。

编程可用素材：printf(" usage: P115　num1 op num2\n")、printf(" op(...) Error!\n"...)。

程序的运行效果应类似图 2-2-5 所示界面，图中"E:\Debug>"为命令行提示符，表示程序 P115.exe 所在的文件夹，考生的程序位置可不必如此；"P115 1001 + 5007"、"P115 1001 - 5007"、"P115 25 * 30"、"P115 25 / 30"、"P115 25 % 9"、"P115 25 x 22"、"P115 100 +"和"P115 100 + 330 ="是从命令行输入的内容。

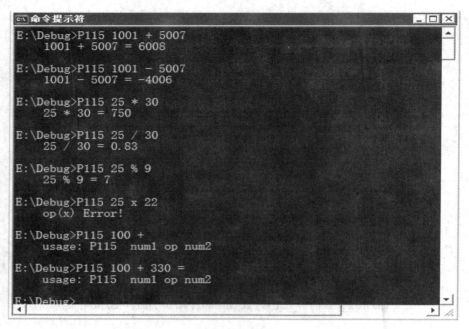

图 2-2-5　程序运行效果示例

(3) 根据要求编写程序 P799.C 的指定部分：程序 P799.C 已编写部分代码(如下)，根据程序中的要求完善程序(在指定的位置添加代码或将_____换成代码)。

注意：除指定位置外，不能对程序中已有部分做任何修改或重新编写一个程序，否则做 0 分处理。

从键盘上输入多个字符串(约定每个串不超过 8 个字符且没有空格，最多 50 个字符串)，用"*End*"作为输入结束的标记("*End*"不作为有效的字符串)。再从所输入的若干字符串中找出一个最大的串，并输出该串。

程序的运行效果应类似图 2-2-6 所示界面，图中的"aabb xdsfkjs8 z1 w1589sa z0351ff *End*"是从键盘输入的内容。

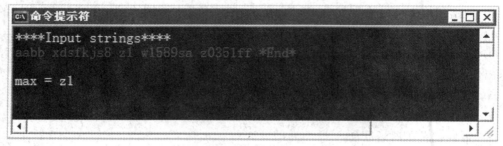

图 2-2-6　程序运行效果示例

部分代码：

```
#include <stdio.h>
#include <string.h>


/*本部分代码功能建议：函数原型声明*/
```

/* User Code Begin(Limit: lines <= 2, lineLen <= 80, 考生可在本行后添加代码, 最多 2 行, 行长 ≤80 字符) */

/* User Code End(考生添加代码结束。注意: 空行和单独为一行的{与}均不计行数, 行长不计行首 tab 缩进量) */

```c
int main(void)
{
    char *pStr[50], str[50][9];
    int Count = 0, max;

    printf("****Input strings****\n");
    Count = input(pStr, str);

    printf("\nmax = ");
    find(pStr, Count, &max);
    printf("%s\n", pStr[max]);

    return 0;
}
```

/* User Code Begin: 考生在此后完成自定义函数的设计, 行数不限 */

2.3　结构体程序设计

2.3.1　结构体数组

一、内容提要

1. 结构体类型定义

结构体类型定义如下:

```
struct　结构体名
{成员表列};
```

2. 结构体变量定义及初始化

(1) 先声明结构体, 后定义变量。例如:

```
struct student　stu1, stu2;
```

(2) 在声明结构体的同时定义变量。例如:

```
struct 结构体名　{成员表列}变量名表列;
```

注意：相同类型结构体变量可以直接赋值，如 stu1 = stu2。

3. 结构体变量中成员的引用

运算符为"."，具体来讲是"结构体变量名.成员名"，如 stu1.num = 50。

4. 指向结构体类型的指针

指向结构体类型的指针为：

```
struct student stu1, *p;
p = &stu1;
```

成员的访问有两种方式："(*p).成员名"和"p->成员名"，后者更为常用。

注意：当需要结构体变量做函数参数时，通常会以指向结构体变量的指针作为参数，而非结构体变量本身。

5. 结构体数组

结构体数组为：

```
struct student stu[40];
```

二、练习

(1) 根据要求编写程序 P790.C 的指定部分：程序 P790.C 已编写部分代码(如下)，根据程序中的要求完善程序。

注意：除指定位置外，不能对程序中已有部分做任何修改或重新编写一个程序，否则做 0 分处理。

程序的功能是：从键盘上输入 5 个学生的姓名(char(10))、学号(char(10))和成绩(int)，要求成绩必须在 0~100 之间，否则重新输入该学生信息。最后输出不及格学生的学号、名字和分数。要求用指针完成函数中结构体数组参数的传递以及各个数组元素的访问，访问结构体成员时使用->形式，自定义函数头和函数体中不得出现数组下标形式的表示法。

编程可用素材：printf("input name number score:\n")、printf("student %d: "…、printf("error score! input again!\n")、printf("%s/%s, %d　　"…)。

程序的运行效果应类似图 2-3-1 所示界面，图中的"aa 11 77"、"bb 02 55"、"cc 13 33"、"ee 36 110"、"ee 36 10"、"dd 25 88"是从键盘输入的内容。

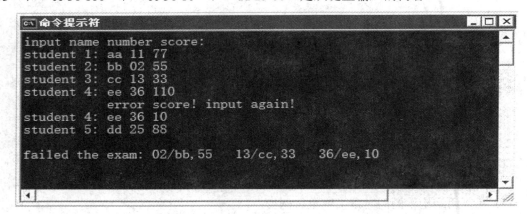

图 2-3-1　程序运行效果示例

部分代码：

```
#include <stdio.h>

/*UserCode Begin(考生可在本行后添加代码,例如结构体的定义、函数原型声明等,行数不限)*/

/* User Code End(考生添加代码结束) */

int main(void)
{
 structstu stud[5];

 input(stud, 5);
 printf("\nfailed the exam: ");
 output(stud, 5);

 return 0;
}

/* User Code Begin(考生在此后完成自定义函数的设计，行数不限) */
```

(2) 根据要求编写程序 P782.C 的指定部分：程序 P782.C 已编写部分代码(如下)，根据程序中的要求完善程序。

注意： 除指定位置外，不能对程序中已有部分做任何修改或重新编写一个程序，否则做 0 分处理。

程序的功能是：有五个学生，每个学生的数据包括学号、姓名(最长 19 字节)、四门课的成绩，从键盘输入五个学生的数据，并计算每个学生的平均成绩，最后显示最高平均分的学生的信息(包括学号、姓名、四门课的成绩及平均分数)。要求用结构体编程，变量数据类型的选择应适当，在保证满足设计要求精度的情况下，养成不浪费内存空间和计算时间的好习惯。

编程可用素材：printf("Pleaseinputstudents info:Num Name score1 score2 score3 score4\n")…。

程序的运行效果应类似图 2-3-2 所示界面，图中的 "2001…" ~ "2009…" 是从键盘输入的内容。

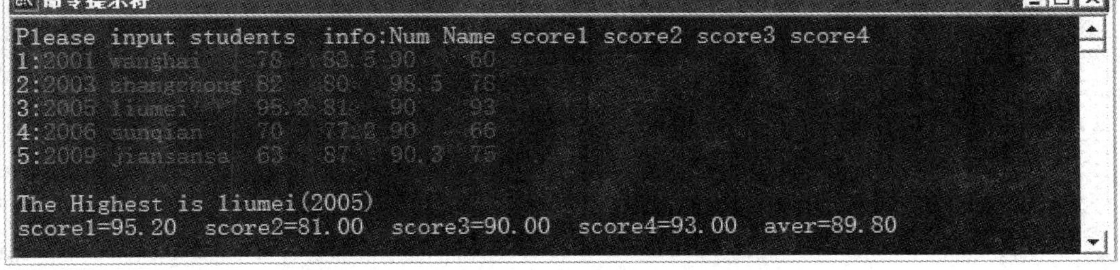

图 2-3-2　程序运行效果示例

部分代码：

```
#include <stdio.h>

/* User Code Begin(考生可在本行后添加代码，例如全局变量的定义、函数原型声明等，行数不
限) */

/* User Code End(考生添加代码结束) */

int main(void)
{
    int high; /* high 记录平均分最高的学生的序号，具体使用参考后面的代码 */

    /* User Code Begin(考生可在本行后添加代码，行数不限) */

    /* User Code End(考生添加代码结束) */

    printf("\nThe Highest is %s(%d)\nscore1 = %.2f score2 = %.2f score3 = %.2f   score4 = %.2f
aver = %.2f\n",
        myClass[high].name, myClass[high].num,
         myClass[high].score1, myClass[high].score2, myClass[high].score3, myClass[high].score4,
myClass[high].aver);

    return 0;
}

/* User Code Begin(考生在此后根据设计需要完成程序的其它部分，行数不限) */
```

2.3.2　链表

一、内容提要

1. 简单结点的结构体定义

简单结点的结构定体义如下：

```
struct node
{
    int   data;   /*数据成员可以是多个不同类型的数据*/
    struct  node  *next;   /*指针变量成员只能是一个*/
};
```

2. 一个简单的单向链表的图示

链表结构如图 2-3-3 所示。

图 2-3-3　链表结构

(1) 链表是结构、指针相结合的一种应用，它是由头、中间、尾多个链环组成的单方向可伸缩的链表，链表上的链环称为结点。

(2) 每个结点的数据可用一个结构体表示，该结构体由数据成员和结构指针变量成员两部分成员组成。

(3) 数据成员存放用户所需数据，而结构指针变量成员用来连接(指向)下一个结点，由于每一个结构指针变量成员都指向相同的结构体，所以该指针变量称为结构指针变量。

(4) 链表的长度是动态的，当需要建立一个结点时，就向系统申请动态分配一个存储空间，如此不断地有新结点产生，直到结构指针变量指向为空(NULL)。申请动态分配一个存储空间的表示形式为：

    (struct　node*)malloc(sizeof(struct　node))

3. 动态链表的创建

1) 动态创建链表的定义及含义

在链表建立过程中，首先要建立第一个结点，然后不断地在其尾部增加新结点，直到不需再有新结点，即尾指针指向 NULL 为止。

设有结构指针变量：

    struct node *p, *p1, *head;

head：用来标志链表头。

p：在链表建立过程中，p 总是不断地先接受系统动态分配的新结点地址。

p1->next：存储新结点的地址。

2) 链表建立的步骤

第一步：建立第一个结点，如图 2-3-4 所示。

    struct node
    {
        int data;
        struct node   *next;
    };
    struct note *p, *p1, *head;
    head = p1 = p = (struct node *)malloc(sizeof(struct node);

图 2-3-4　链表创建——首结点

第二步：给第一个结点成员 data 赋值并产生第二个结点，如图 2-3-5 所示。

```
scanf("%d", &p->data);        /*输入 10*/
p = (struct node *)malloc(sizeof(struct node);
```

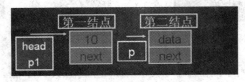

图 2-3-5　链表创建——后续结点

第三步：将第一个结点与第二个结点连接起来，如图 2-3-6 所示。

```
p1-> next = p;
```

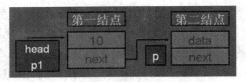

图 2-3-6　链表创建——结点连接

第四步：产生第三个结点。

```
p1 = p;
scanf("%d", &p->data);                    /*输入 8*/
p = (struct   node   *)malloc(sizeof(struct node));
```

以后的步骤都是重复第三、四步，直到给出一个结束条件，不再建新的结点。最后用
"p->next＝NULL;"表示尾结点。

```
#include <stdio.h>
#include<stdlib.h>
#define   LEN   sizeof(struct node)
struct node
{
    int data;
    struct node   *next;
};
main()
{
    struct node*p,   *pl, *head;
    head = p = (struct node *)malloc(LEN);
    scanf("%d", &p->data);                  /*头结点的数据成员*/
    while(p->data != 0)                     /*给出 0 结束条件，退出循环*/
    {
        pl = p;
        p = (struct node * )malloc(LEN);
        scanf("%d", &p->data);              /*中间结点的数据成员*/
```

```
            pl->next = p;              /*中间结点的指针成员值*/
            }
        p->next = NULL;                /*尾结点的指针成员值*/
        p = head;                      /*链表显示*/
        printf("链表数据成员是：");
        while(p->next != NULL)
          {
            printf("%d", p->data);
            p = p->next;
          }
        printf("%d\n", p->data);
      }
```

二、练习

根据要求编写程序 P786.C 的指定部分：程序 P786.C 已编写部分代码(如下)。根据程序中的要求完善程序。

注意：除指定位置外，不能对程序中已有部分做任何修改或重新编写一个程序，否则做 0 分处理。

程序的功能是：调用自定义函数 creat 读入第一部分学生信息建立链表 A，调用自定义函数 creat 读入第二部分学生信息建立链表 B，每个链表中的结点包括学号、成绩；然后调用自定义函数 merge 将两个链表以结点的学号升序合并为一个链表 C。三个链表的内容均调用自定义函数 print 输出在屏幕上。

编程可用素材：printf("学生 %d: "…)。

程序的运行效果应类似图 2-3-7 所示界面，图中的"15 76 10 89 0　0"和"11 55 18 69 12 81 17 62 0　0"是从键盘输入的内容。

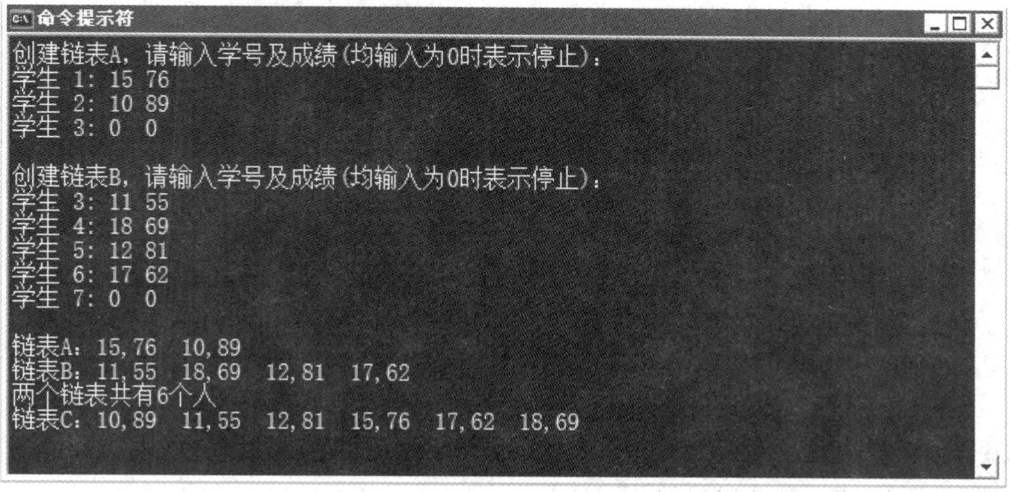

```
命令提示符                                                 _ □ ×
创建链表A，请输入学号及成绩(均输入为0时表示停止)：
学生 1: 15 76
学生 2: 10 89
学生 3: 0  0

创建链表B，请输入学号及成绩(均输入为0时表示停止)：
学生 3: 11 55
学生 4: 18 69
学生 5: 12 81
学生 6: 17 62
学生 7: 0  0

链表A: 15,76  10,89
链表B: 11,55  18,69  12,81  17,62
两个链表共有6个人
链表C: 10,89  11,55  12,81  15,76  17,62  18,69
```

图 2-3-7　程序运行效果示例

部分代码：

```
#include<stdio.h>
#include<malloc.h>

#define LEN sizeof(struct student)

int sum = 0;
/* User Code Begin(考生可在本行后添加代码，定义程序中使用的结构体类型、声明自定义函数
的原型，行数不限) */

/* User Code End(考生添加代码结束) */

/* print 以规定的格式完成遍历显示指定的链表*/
void print(struct student *Head);

int main(void)
{
    struct student *ah, *bh, *ac;

    printf("创建链表 A，请输入学号及成绩(均输入为 0 时表示停止)：\n");
    ah = creat();
    printf("\n 创建链表 B，请输入学号及成绩(均输入为 0 时表示停止)：\n");
    bh = creat();
    printf("\n 链表 A：");
    print(ah);
    printf("\n 链表 B：");
    print(bh);

    ac = merge(ah, bh);
    printf("\n 两个链表共有%d 个人\n 链表 C：", sum);
    print(ac);

    return 0;
}

void print(struct student *Head)
{
    while (Head != NULL)
    {
```

```
        printf("%d, %d   ", Head->num, Head->score);
        Head = Head->next;
    }
}
/* User Code Begin(考生在此后完成自定义函数的设计，行数不限) */
```

2.4　文件使用

一、内容提要

1. 打开文件

```
FILE *fp；
if((fp = fopen(…)) != NULL)
    printf("file not open");
```

2. 顺序读写文件/随机读写文件

(1) fgetc()、fputc()：从文件中读写一个字符。

(2) fscanf()、fprintf()：按指定格式读写文件 (ASCII 文件)。

(3) fread()、fwrite()：对文件读写一个数据块(流式文件)。

3. 判断是否读到文件末尾 feof()

```
if (!feof(fp))
    {…}
```

4. 文件定位

```
(1) rewind()。
(2) fseek()。
```

二、练习

(1) 编写一程序 P312.C，实现以下功能：有一存储很多商品数据(每件商品的属性先后包括品名、规格、数量和单价，编程时相应的数据类型分别定义为字符串 char(20)、字符串 char(12)、long、float)的二进制文件 sp.dat(即未作任何格式转换而直接使用 fwrite 将商品属性写入文件)，从键盘输入某种商品的品名，要求在文件中查找有无相应品名商品(可能有多条记录或没有)，若有则在屏幕上显示出相应的商品的品名、规格、数量和单价(显示时，品名、规格、数量、单价之间使用逗号(,)作分隔)，若无则显示没有相应品名的商品。

程序运行时测试用的商品数据文件 sp.dat 并保存到程序 P312.C 所在的文件夹且文件名保持不变。编程可用素材：printf("Please input shang pin pin ming:")...、printf("\ncha zhao qing kuang:\n")...、printf("mei you shang pin:... ")。

程序的运行效果应类似图 2-4-1 和图 2-4-2 所示界面，图 2-4-1 中"Please input shang pin pin ming:xuebi"中的"xuebi"和图 2-4-2 中"Please input shang pin pin ming:kele"中的"kele"是从键盘输入的内容。

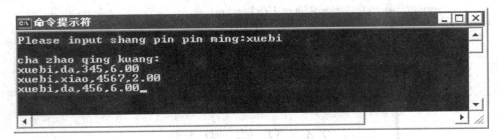

图 2-4-1　程序运行效果示例(输入 xuebi 时)

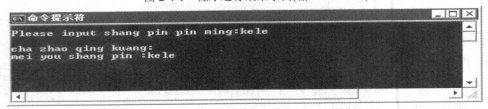

图 2-4-2　程序运行效果示例(输入 kele 时)

(2) 编写一程序 P320.C，实现以下功能：在文本文件 Comp.txt 里有需要计算结果的整数算式，每个算式占一行且文件中只有一个算式，运算类型只有"加法(+)"或者"减法(−)"且运算符前后至少有一个空格。计算该算式的结果并在屏幕上显示。

程序运行时测试用的算式文件 comp.txt(加法示例，编程时还应该考虑算式为减法的情况)并要求保存到程序 P320.C 所在的文件夹且文件名保持不变。编程可用素材：printf("%d + %d = %d\n"...)、printf("%d − %d = %d\n"...)。

程序的运行效果应类似图 2-4-3 和图 2-4-4 所示界面。

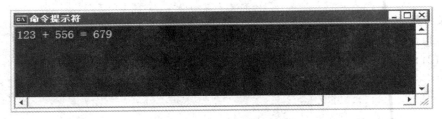

图 2-4-3　程序运行效果示例(测试用算式文件为 Comp.txt，内容为整数加法式)

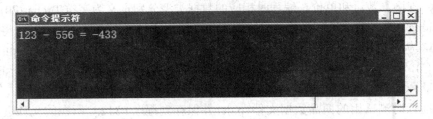

图 2-4-4　程序运行效果示例(测试用算式文件为 Comp.txt，内容为"123−556")

(3) 编写一程序 P317.C，实现以下功能：根据输入的源文件名(含路径，小于 100 B)和目标文件名(含路径，小于 100 B)，实现将源文件复制到目标文件。

注意：

① 源文件可能是文本文件，也可能是二进制文件。

② 程序的返回值(即由 main 函数 return 的值和程序使用 exit 终止运行时返回的值,也称退出代码)规定为:

- 复制成功返回 0;
- 源文件打开失败返回 2;
- 目标文件创建失败返回 3;
- 向目标文件写数据的过程中出错返回 4。

③ 向目标文件写数据的过程中出错的情况很少发生,考生根据图例中的输入数据进行测试时,很可能不会出错,但程序应考虑出错的情况(例如磁盘空间不够、往 U 盘上写一个大文件的过程中 U 盘出错或被拔走)。

编程可用素材:printf("Please input sourceFilename:")、printf("Please input desprintf("Please input destinationFilename:")、printf("\ncopy %s to %s successed!\n"…)、printf("\nsource File (%s) Open Error!\n"…)、printf("\ndestination File (%s) Create Error!\n"…)、printf("\nwriting destination File (%s) Error!\n"…)。

程序的运行效果应类似图 2-4-5、图 2-4-6、图 2-4-7 所示界面,图 2-4-5 中的"C:\Temp\Test.dat"和"D:\CpOk.doc"、图 2-4-6 中的"C:\Temp\TestN.dat"和"D:\Dsm.dat"、图 2-4-7 中的"C:\Temp\TestN.dat"和"D:\noDir\Dsm.dat"是从键盘输入的内容。

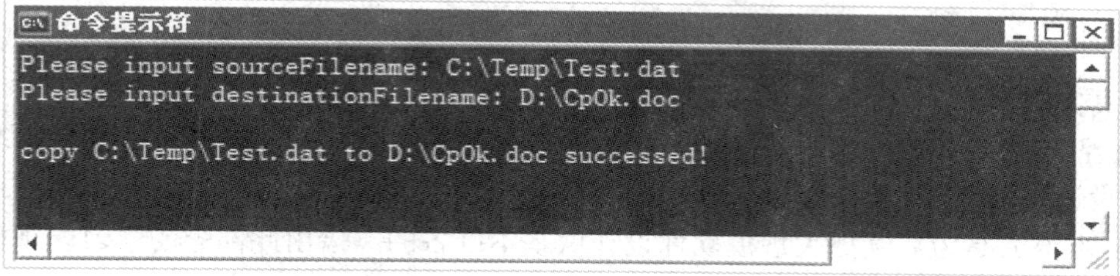

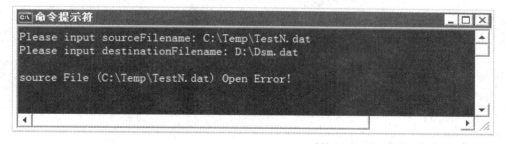

图 2-4-5　源文件存在,目标文件创建成功,复制正常完成

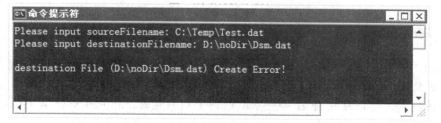

图 2-4-6　源文件打开失败

图 2-4-7　目标文件创建失

第 3 章　C 语言程序设计的应用

一、内容提要

为了让大家更好地掌握模块化程序设计方法，并在此基础上能更好地理解同一问题分别采用数组与链表处理时各自的特点，这里给出两个简单应用："求两个集合的并运算"与"两个有序表合并后仍然有序"，要求编程实现。

这里对解决问题的算法框架和调用的函数及功能均做了严格限定，要求分别用数组法与链表法实现，并编写主函数完成功能验证。

二、预期目标

认真完成本部分内容，期望实现以下几方面目标：

(1) 希望借由完成严格限定功能及参数的函数这一方式，学习并训练合理的函数功能划分及设计与实现。

(2) 本部分是为后续更大规模软件设计做基本准备的，借由此部分的学习能规范完成更大软件设计时的函数功能划分及相应的设计与实现。

(3) 此部分内容描述与 C 语言教材风格差异较大，实际上该内容完整取材于严蔚敏版《数据结构》教材。希望反复阅读、理解该内容，为后续数据结构课程学习能快速进入状态做好准备。

3.1　C 语言程序设计的简单应用

3.1.1　求两个集合的合并运算

一、题目内容

实现两个集合的并运算，即 A = A∪B，要求分别采用数组与链表实现，并分析两种方法各自的优缺点。

解决该问题，可以从集合 B 中依次取得每个数据元素，将其在集合 A 中依次查找，若不存在则在集合 A 中插入该元素。不论采用数组法还是链表法，严格限定实现该算法的框架如下：

```
void Union(List &La, List Lb)
{/*将所有在表 Lb(代表 B 集合)中但不在 La(代表 A 集合)中的数据元素插入到 La 中*/
    La_len = ListLength(La);           /* 求表 La 的长度*/
    Lb_len = ListLength(Lb);
    for(i = 1; i <= Lb_len; i++)
    {
       GetElem(Lb, i, e); /*取表 Lb 中第 i 个数据元素赋给变量 e*/
       if(!LocateElem(La, e, equal))   /*表 La 中不存在和 e 相同的元素，则将 e 插入 La 中*/
          ListInsert(La, ++La_len, e);
    }
  }
```

二、题目实现要求

1. 实现时需补充内容要求

结合自己对算法的分析及理解补充表类型"List"和函数局部变量"i"、"e"等的定义，形参"&"可以改为指针外，不允许对程序做其它任何修改；这里的 ListLength()、GetElem()、LocateElem()、ListInsert()函数需要自己实现，且针对数组法与链表法需分别编写；自己设计完成主函数。希望这种限定能让大家很好地理解模块化程序设计的思想。

2. 对表的主要操作函数的限定

此部分描述中形参中的&不是地址符(在 C 语言中只有实参能使用地址符，形参并不能使用地址符)，是指当该函数让此变量发生变化时，对应的实参量发生同样的改变，含义更接近 C++的引用参数。采用 C 语言实现时，需改为指针。

(1) 求表的长度函数 ListLength(L)。

初始条件：表 L 已存在。

操作结果：返回 L 中数据元素个数。

(2) 取表中的一个元素函数 GetElem(L, i, &e)。

初始条件：表 L 已存在，$1 \leqslant i \leqslant ListLength(L)$。

操作结果：用 e 返回 L 中第 i 个数据元素的值。

(3) 判断表 L 中符合条件的元素位序函数 LocateElem(L, e, compare( ))

初始条件：表 L 已存在，compare()是数据元素判定函数(满足为 1，否则为 0)。

操作结果：返回 L 中第 1 个与 e 满足关系 compare()的数据元素的位序。若这样的数据元素不存在，则返回值为 0。

(4) 在表中插入一个元素函数 ListInsert(&L, i, e)。

初始条件：表 L 已存在，$1 \leqslant i \leqslant ListLength(L)+1$。

操作结果：在 L 中第 i 个位置之前插入新的数据元素 e，L 的长度加 1。

(5) 判断表是否为空函数 ListEmpty(L)。

初始条件：表 L 已存在。

操作结果：若 L 为空表，则返回 TRUE，否则返回 FALSE。

3. 实现时采用的预定义的常量与类型定义

具体定义如下：

```
#define OK 1
#define ERROR 0
#define TRUE 1
#define FALSE 0
/*Status 为函数的类型，其值是函数结果状态代码，如 OK 等*/
typedef int Status;


/* ElemType 为数据元素类型，根据实际情况而定，这里假设为 int */
typedef int ElemType;
```

4. 实现时表的存储要求

对表的存储分别采用数组和链表两种方法实现，每种方法存储上的结构进行了如下限定(为了区分表所采用的存储类型，将采用数组法时的数据表类型命名为 SqList，将采用链表法的数据表类型名命名为 LinkList)。

1) 采用数组实现时的类型定义限定

该应用中需反复多次计算表的长度，针对此背景所设计的存储结构中除了存放数据的一维数组 data 外，增加一个整型量 length 用于随时记录表中元素的个数，将两项组成一个结构体。具体定义如下：

```
#define MAXSIZE 20                /*存储空间初始分配量*/
typedef struct
{
    ElemType data[MAXSIZE];       /*数组，存储数据元素*/
    int length;                   /*表当前有效长度*/
}SqList;
```

如果定义 SqList　L，则 L 的存储示意图如图 3-1-1 所示。需要表中元素个数信息时，可以直接从 L.length 域的读出值中获取。

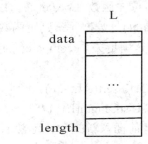

图 3-1-1　SqList 类型的变量存储结构示意图

在这种结构下编写前面指定的"取表中的一个元素函数 GetElem(L, i, &e)"时，参考代码如下：

```
Status GetElem(SqList L, int i, ElemType *e)
{/*初始条件：数组表示的表 L 已存在，1≤i≤ListLength(L)*/
 /*操作结果：用 e 返回 L 中第 i 个数据元素的值，注意 i 是指位置，第 1 个位置的数组从 0 开始*/
    if(L.length == 0 || i < 1 || i > L.length)
        return ERROR;
    *e = L.data[i-1];
    return OK;
}
```

特别注意函数实现中参数的表现方式。因为 GetElem(L，i，&e)函数的功能是：从表 L 中取出其中的第 i 个元素用参数 e 返回，在 C 语言想要通过参数返回值需采用指针实现，所以做了如上修改。其它函数的实现参照此函数的实现方式。

另外，"判断表是否为空函数 ListEmpty(L)"的参考代码如下：

```
Status ListEmpty(SqList L)
{  /*初始条件：数组表示的表 L 已存在*/
   /*操作结果：若 L 为空表，则返回 TRUE，否则返回 FALSE*/
   if(L.length == 0)
       return TRUE;
   else
       return FALSE;
}
```

其它函数参照这些代码实现。

"Union 函数"按如下方式修改实现：

```
void Union(SqList *La, SqList Lb)
{ /* 将所有在表 Lb 中但不在 La 中的数据元素插入到 La 中*/
  ElemType e;
  int La_len, Lb_len;
  int i;
  La_len = ListLength(*La);              /* 求表 La 的长度*/
  Lb_len = ListLength(Lb);
  for(i = 1; i <= Lb_len; i++)
  {   GetElem(Lb, i, &e);                /* 取 Lb 中第 i 个数据元素赋给 e*/
      if(!LocateElem(*La, e, equal))     /* 若 La 中不存在和 e 相同的元素，则插入之*/
          ListInsert(La, ++La_len, e);
  }
}
```

2) 采用链表实现时的类型定义限定

采用的具体定义如下：

```
struct LNode                    /*结点定义*/
  {
      ElemType data;
      struct LNode *next;
  };
  typedef struct LNode *LinkList; /* 表的头指针类型 */
```

如果定义 LinkList　L，则 L 仅是一个指针，并没有实际的数据空间，需要编写函数创建链表并读入数据。假设已经建立的链表如图 3-1-2 所示。

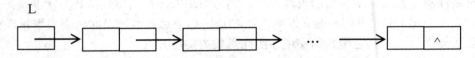

图 3-1-2　链表存储方式示意图

在这种结构下编写"取表中的一个元素函数 GetElem(L, i, &e)"及"判断表是否为空函数 ListEmpty(LinkList L)"，参考代码如下：

```
Status GetElem(LinkList L, int i, ElemType *e)
  { /*L 为单链表的头指针。当第 i 个元素存在时，其值赋给 e 并返回 OK，否则返回 ERROR*/
    int j = 1; /*j 为计数器*/
    LinkList p = L; /* p 指向第一个结点*/
    while(p&&j<i)              /*顺指针向后查找，直到 p 指向第 i 个元素或 p 为空*/
    {
      p = p->next;
      j++;
    }
    if(!p || j>i)     /*第 i 个元素不存在*/
      return ERROR;
    *e = p->data;     /*取第 i 个元素*/
    return OK;
  }
Status ListEmpty(LinkList L)
  { /*初始条件：链式存储的表 L 已存在*/
    /*操作结果：若 L 为空表，则返回 TRUE，否则返回 FALSE*/
    if(L->next)
            return FALSE;
    else
            return TRUE;
  }
```

可以看出，对于相同的功能，采用数组与链表因为存储结构不同而使得实现时的代码

(算法)完全不同。因此，对此应用，采用数组法与链表法时所有函数均各自独立编写，不能重用。

　　5. 思考题

　　分析此题采用数组与链表时哪种方法更好？说明理由。

3.1.2　求两个有序表的合并

一、题目内容

　　实现将两个有序表合并后仍然有序的功能，要求分别采用数组法与链表法，并分析两种方法各自的优缺点。

　　若用表 La、Lb 分别代表两个已存在的有序表，Lc 为算法完成后产生的新有序表。可行的算法之一为：从表 La 与 Lb 中各取一个元素进行比较，将小的元素插入到 Lc 中，并取小元素所在表的下一个元素继续与另一表的元素继续比较操作，直到一表元素均取尽，再将另一表的余下元素直接挂入新表 Lc 的末尾。限定本题的算法过程如下：

```
void MergeList(List La, List Lb, List &Lc)
{ /*已知表 La 和 Lb 中的数据元素按值非递减排列*/
    /*归并 La 和 Lb 得到新的表 Lc，Lc 的数据元素也按值非递减排列*/
    i = j = 1; k = 0;
    La_len = ListLength(La);
    Lb_len = ListLength(Lb);
    while(i <= La_len&&j <= Lb_len)          /*表 La 和表 Lb 均非空*/
    {
        GetElem(La, i, ai); GetElem(Lb, j, bj);
        if(ai <= bj)
        {
            ListInsert(Lc, ++k, ai);
            ++i;
        }
        else
        {ListInsert(Lc, ++k, bj);
        ++j;
        }
    }
    while(i <= La_len)                        /*表 La 非空且表 Lb 空*/
    {
        GetElem(La, i++, ai);
        ListInsert(Lc, ++k, ai);
```

```
        }
    while(j <= Lb_len)                      /*表 Lb 非空且表 La 空*/
    {
        GetElem(Lb, j++, bj);
        ListInsert(Lc, ++k, bj);
    }
}
```

二、题目实现要求

本题目实现要求与 3.1.1 节的题目相同。完成 3.1.1 节题目所编写的对表进行基本操作的各函数这里可以直接使用，不用重新编写。建议将这些函数写入一个文件形成函数库，使用时以程序头文件的形式加入，方便重用。

3.1.3　总结

通过完成这两个严格限定的应用可以发现，对于同一个问题，采用数组法与链表法两种存储方式实现时，各函数需分别编写，不能重用；但对不同的应用，采用同一存储方式的函数可以重用。这种经验的积累，可为后续从数据结构角度解决编程问题的思维学习打下基础。

3.2　C 语言程序设计基本知识的综合应用

3.2.1　实现管理系统

系统实现提要：

(1) 分析实现每个功能模块需要做些什么。

(2) 将需要完成的功能抽象成函数，包括：读文件(写入链表)、写文件、在链表中增加一个结点、修改一个结点的数值、删除链表中某个结点、对链表进行排序等，以及需要的参数及返回值等。

(3) 根据流程调用相应的函数实现整个系统。

一、单项选择题标准化考试系统

要求：

(1) 使用链表、文件(合理使用链表，如在插入、删除时使用合理，其它场合未必合理)。

(2) 用文件保存试题(每个试题结点的信息包括题干、4 个备选答案、标准答案以及难度、知识点)。

(3) 试题录入：可随时增加、修改、删除试题到试题表中。

(4) 试题抽取：每次从试题库中可以随机抽出某些知识点某些难度的 N 道题(知识点、难度和 N 由组题者输入或者进行选择)，组合成一张考卷。

(5) 答题：用户可实现输入自己的答案。考虑答案的存储。

(6) 自动判卷：系统可根据用户答案与标准答案的对比实现判卷并给出成绩。

二、学生选修课管理系统

要求：

(1) 使用链表、文件(合理使用链表，如在插入、删除时使用合理，其它场合未必合理)。

(2) 假定有 n 门课程，每门课程有课程编号、课程名称、课程性质、总学时、授课学时、实验或上机学时、学分、开课学期等信息，学生可按要求(总学分不得少于 60)自由选课。试设计一个选修课程管理系统，使之能提供以下功能：

① 系统以菜单方式工作。

② 课程信息录入功能(课程信息用文件保存)——增加、修改、删除。

③ 课程信息浏览功能——输出。

④ 查询功能(至少一种查询方式)——算法：

· 按学分查询；

· 按课程性质查询。

(3) 学生选修课程(要求：每学期选修课程不能超过 80 学分，只能选择在本学期开始的课程和时间不冲突的课程)，给出学生的选修课表，并统计出所选总学分。

三、小超市商品管理系统

要求：

(1) 使用链表、文件(合理使用链表，如在插入、删除时使用合理，其它场合未必合理)。

(2) 某商店每天有进货、售货、统计销售额、计算毛利率、查看商品剩余量等业务。设计一个菜单，实现下述功能：

① 创建商品档案。每一个商品信息包括编号、品名、进价、售价、进货量、销售量、销售额、剩余数、毛利；考虑商品信息的存储。

② 编辑商品信息。例如，向商品档案添加新商品，修改商品信息，删除原有商品，处理原有商品的新进货量、新销售量、报废量。

③ 统计销售情况。在此项中统计每种商品的销售额、剩余数、毛利(毛利 = 销售额 − 进价 × 销售量)。

④ 查询商品信息。例如，根据商品名、剩余数(小于 5 或大于 20)进行查询。

⑤ 显示商品信息。显示方式有三种：按原来商品顺序显示、按销售额由高到低的顺序显示、按毛利由高到低的顺序显示。由于商品较多，所以要求分屏显示。

⑥ 退出系统。

四、图书管理信息管理系统

要求：

(1) 使用链表、文件(合理使用链表，如在插入、删除时使用合理，其它场合未必合理)。

(2) 各种基本数据的录入。例如，图书资料基本信息录入等。

(3) 各种基本数据的修改，即允许对已录入的数据进行编辑、修改。

(4) 各种基本数据的插入。例如，在图书采购信息中插入一条新信息等。

(5) 各种基本数据的删除。例如，假设某本书遗失且馆藏数为 0，删除该书的相关信息等。

(6) 基于各种数据的查询。例如，书名中含有"计算机"的所有书籍、全部借出的所有图书等。

(7) 基于各种基本数据的统计计算。例如：统计馆藏书籍总数、已借出数据总数、在馆书籍数等；找出借阅次数最多的 10 本书，并对它们进行排序；统计每月逾期罚款总金额；找出被罚款金额最多的前 5 名借阅者并对其排序。

五、职工信息管理系统

要求：

(1) 使用链表、文件(合理使用链表，如在插入、删除时使用合理，其它场合未必合理)。

(2) 职工信息包括职工号、姓名、性别、年龄、学历、工资、住址、电话等(职工号不相同)。试设计一职工信息管理系统，使之能够提供下列功能：

① 系统以菜单方式工作。

② 职工信息录入功能(职工信息用文件保存)。

③ 职工信息浏览功能。

④ 职工信息查询功能，查询方式有两种：

- 按学历查询；

- 按职工号查询。

⑤ 职工信息删除、插入、修改功能。

⑥ 基于各种基本数据的统计计算。例如，统计职工总人数、本科以上学历人数等。

六、学生成绩统计管理

要求：

(1) 使用链表、文件(合理使用链表，如在插入、删除时使用合理，其它场合未必合理)。

(2) 输入一个班级的学生的基本信息(包括学号、姓名、性别、5 门课程成绩)。

(3) 按姓名或者学号查找、增加、修改、删除和保存各个学生的信息。

(4) 计算每个学生各门功课总分和平均分，按学号或总分排序输出每个学生的基本信息及总分、平均分和名次。

(5) 计算全班各门功课的平均分，显示每门课程中低于平均分的每一个学生的学号、姓名、性别、科目、成绩。

(6) 显示每门科目中成绩在 90 分以上的学生信息，以及每门科目中不及格的学生信息。

(7) 用菜单进行管理。

(8) 只有正确输入用户名密码才能使用此系统。

(9) 所有内容能够保存到文件中。下次进入系统是从文件中读取原有信息。

七、物业费管理系统

要求：

(1) 使用链表、文件(合理使用链表，如在插入、删除时使用合理，其它场合未必合理)。

(2) 新住户信息的添加(户主姓名、性别、身份证号、联系电话、楼号、单元号、房号、平方米数、每平方米物业价格、应缴纳物业费及备注信息)。

(3) 修改住户信息的功能。

(4) 删除住户信息的功能。

(5) 应缴物业费自动生成。每月 1 号，自动生成本月份的物业费。如果该住户之前的物业费未交清，则本月物业费与之前拖欠费用进行累加，为该用户应缴纳的物业费。

(6) 缴费功能。根据用户缴纳金额，修改"应缴纳物业费"。

(7) 统计功能。

(8) 能够按楼号分类统计所有未交清物业费的记录。

(9) 能够按拖欠款项多少，对所有用户信息进行从大到小排序。

(10) 用菜单进行管理。

(11) 只有正确输入用户名密码才能使用此系统。

(12) 所有内容能够保存到文件中。下次进入系统是从文件中读取原有信息。

八、工资管理系统

要求：

(1) 使用链表、文件(合理使用链表，如在插入、删除时使用合理，其它场合未必合理)。

(2) 职工工资包含编号、姓名、银行卡号、发工资月份、应发工资、水电费、税金、实发工资、备注等信息。

(3) 本系统能够方便、灵活地实现职工工资的输入、添加、删除等编辑操作以及查询等操作。

(4) 系统包括录入、浏览、查询、统计等功能：

① 录入功能要求：能够添加新的工资信息到文件。

② 浏览功能要求：能够按照工资卡号、姓名分类浏览，提供分屏显示。

③ 排序功能要求：排序后能够按照工资卡号升序或实发工资降序输出。

④ 查询功能要求：能够按照工资、卡号和姓名查询。

⑤ 统计功能要求：能够按照月份累计统计某职工在某时间段发工资总金额。

⑥ 使用文件方式存储数据，系统以菜单方式工作。

3.2.2　实现游戏

本小节实现一个贪吃蛇游戏。

一、要求

(1) 实现贪吃蛇游戏。

(2) 必须使用链表。

(3) 界面美观、操作方便。

二、提示

(1) 一张地图，中间是空的，四周有墙体。整个地图用一个坐标系建立起来，这用一个二维字符数组就能实现；对于蛇和食物，只需要将中间的空格改成蛇的头或身体或者食物的样子就行了。

(2) 一条蛇，这条蛇由蛇头和蛇身组成。通过观察可以发现，蛇身其实就像 C 语言之中的链表，像一条链子那样前进，因此可以将蛇身的每一个结点变成一个结构体变量。

```
struct snake
{
    int x;
    int y;
    struct snake *next
};
```

(3) 我们需要食物，并且在蛇吃掉食物之后将蛇的身体变长，而且重新生成一个食物。生成食物则需要产生随机数作为食物的坐标，而且这个随机数在一定的范围内不能在围墙上，也不能和蛇的坐标一样。生成随机数的语句为：

```
srand(time(0));
int a = rand()%10+1;
```

这样我们就能得到 1~10 的数。这里用 srand(time(0)); 初始化时间函数，然后 rand 会给一个很大的秒数，这个秒数在不断地变化，%10 之后得到 0~9 的数，然后 +1 得到 1~10 的数。根据这个原理，生成一个在固定范围内的 x 坐标和 y 坐标，然后用这个 x 坐标和 y 坐标去遍历 snake 数组看 x、y 会不会相同，如果相同就重新生成一个直到不相同为止。这样我们就生成了一个食物的坐标。

(4) 蛇吃了食物能变长的例子，之前我们创建了链表，因此我们可以给一个蛇身长度的变量，当蛇头吃到食物时，该变量加一，然后链表输出该变量长度的蛇身，而且不能回头吃自己的身子。

(5) 蛇需要移动，这是最难实现的。

(6) 蛇撞到墙或者撞到自己的身体时就会死亡。

(7) 能用键盘控制蛇的运动方向。

3.2.3　其它

本小节介绍一元多项式的运算。

一、要求

(1) 用链表表示一元多项式(系数和指数)。

(2) 建立两个多项式链表。

(3) 实现两个多项式的加法、减法和乘法。

(4) 将运算前和运算后的多项式以文本的方式存储在文件中。

二、提示

(1) 一元 n 次多项式：$P(x.n) = P0 + P1X1 + P2X2 + \cdots + PnXn$。其每一个子项都是由"系数"和"指数"两部分组成的，因此可以将它抽象成一个由系数和指数构成的链表。其中多项式的每一项都对应于链表中的一个结点。由于对多项式中系数为 0 的子项可以不记录它的指数值，对于这样的情况就不再付出存储空间来存放它了。可以采用一个带有头结点的链表来表示一个一元多项式。

(2) 数据类型定义可描述如下：

```
typedef struct node
{
    int    xishu; //系数
    int    zhishu; //指数
    struct node *next;
}NODE, *pa, *pb;
```

(3) 基本功能分析：

① 输入多项式 A、B：建立多项式链表 pa、pb。首先创建带头结点的单链表，然后按照指数递增的顺序和一定的输入格式输入各个系数不为 0 的子项：系数、指数。每输入一个子项就建立一个结点，并将其插入到多项式链表的表尾。如此重复，直至遇到输入结束标志的时候停止，最后生成按指数递增有序的链表。

② 多项式相加 A+B：对于两个多项式中指数相同的子项，其系数相加；若系数的和非零，则构成"和多项式"中的一项；对于指数不同的项，直接构成"和多项式"中的一项。

③ 多项式相减 A-B：将多项式 B 的系数乘以(-1)，调用②执行多项式相加。

④ 多项式相乘 A*B。

• 实现一个函数来计算单项式与一个多项式相乘，对于多项式乘法先将其中一个多项式的第一项分别与另一个多项式相乘；

• 调用上面的方法，并依次将这些多项式相加即可。

3.3　C 语言程序设计知识拓展的综合应用

3.3.1　实现管理系统

一、C 语言平时成绩管理系统

1. 功能描述

(1) 学习 MFC 的应用，做出相对精美的界面；学习面向对象的思想，即用 C++，考虑到类。

(2) 学习 SQL 语句和小型数据库(如 ACESS、MYSQL)的应用。

2. 模块划分

功能分管理员模块、教师模块和学生模块。

1) 管理员模块

管理员的功能主要是添加和删除用户、设置密码等。管理员还可以录入课程名和对应的教师姓名以及教师编号。

2) 教师模块

(1) 教师按管理员预先设置好的密码登录后，可以修改密码。教师可以按自己的需要对每个模块所占的比例进行分配，如作业 20%，平时测试 30%，考勤 30%，小组分 20%。激励分数可能有可能没有。平时成绩＝作业×百分比＋平时测试×百分比＋考勤×百分比＋小组分×百分比＋激励分。当最后分数大于 100 时自动设置为 100 分。

(2) 教师还可以设置考勤的评分规则，例如迟到一次扣 3 分，早退一次扣 2 分，缺席一次扣 10 分等。教师可以将统计考勤的权限给科代表。考勤记录和考勤分数都由课代表来登记。

(3) 教师给每个小组的分数，可以把权限交给科代表来统计。科代表可以给班级的学生分组，每个小组有具体的编号，每个小组获得的分数就是每个学生所得的分数。教师可以根据学生的表现自由给激励分，给定的分数后面要注明具体原因，激励分登记的权限也可以交给科代表。

(4) 教师要把作业、平时测试、考勤的分数一一统计出来，再按照平时成绩的计算公式将每个学生的分数统计出来，可以浏览整个班级学生的分数。

3) 学生模块

(1) 学生也同样可以按照管理员设置的密码登录，登录后可以修改密码。

(2) 对于考勤、小组分数和激励分，学生只能查看。

(3) 每项分数出来以后，学生可以根据公式算出自己的成绩。每个学生登录以后都只能查看自己的成绩，不能查看别人的成绩。

二、成都地铁查询系统

1. 功能描述

假设成都已经建成了 10 条地铁形成地铁网络，要求该系统应用在地铁口的查询机上。目的是供旅客查询地铁的站点、票价、时间等信息。

2. 实现要求

利用数据库存储这些信息，自动计算出出发地和目的地如何换乘和价格。计算方法有最短路径、时间等选择。

在过程中需要考虑到程序的易用性，程序提供地图供用户选择出发点和目的地。

三、校园导游咨询系统

1. 功能描述

设计校园平面图，所含景点不少于 10 个，需要存放这些信息。以图中顶点表示学校各景点，存放景点名称、代号、简介等信息；以边表示路径，存放路径长度等相关信息。

2. 实现要求

(1) 为来访客人提供图中任意景点的问路查询，即查询任意两个景点之间的一条最短的简单路径。

(2) 为来访客人提供图中任意景点相关信息的查询。

3. 测试数据

由读者根据实际情况指定。

4. 实现提示

一般情况下，校园的道路是双向通行的，可设校园平面图是一个无向网，顶点和边均含有相关信息。

3.3.2　实现游戏

一、创新五子棋游戏

(1) 掌握五子棋的算法。

(2) 能够实现人人对战，中途可以暂停，存储后退出，重新进入可以继续完成棋局。要求考虑到存储。

(3) 如果有余力，可实现人机对战。

(4) 有积分排行，需要进行存储。

二、走迷宫

(1) 能自动生成迷宫地图，保障一定有出口和通路。考虑到起点与终点、复杂的路径(通路、岔路、死路)、障碍物、相关背景、主题。

(2) 进行游戏计时和分级。

三、挖雷游戏

(1) 掌握挖雷游戏算法。

(2) 记录挖雷时间。

(3) 记录英雄榜。

(4) 必须有创新，和网络上的挖雷程序有所区别。

四、赛车游戏

(1) 制作赛道及场景，可选择不同难度赛道。

(2) 设置障碍物。

(3) 赛车可加速减速并计时。

(4) 记录英雄榜。

3.3.3　其它

一、简易计算器

(1) 学习 MFC 的应用，做出相对精美的界面；学习面向对象的思想，即用 C++，考虑到类。

(2) 模仿 Windows 的计算器，用图形界面实现加减乘除、开根号、求倒数等基本操作。

(3) 实现括号运算。

二、网络聊天室

(1) 学习网络编程。

(2) 实现单独两人对聊。

(3) 利用 MFC 实现聊天的可视化界面。

(4) 必须有创新，和网络上的聊天程序有所区别。

(5) 选择性实现群聊。

中篇

数据结构与算法中级基础与实战

第4章 数据结构课程概述及简单的数据结构

4.1 数据结构课程总结

前述初级部分主要从 C 语言知识的角度提供进阶训练。中级与高级部分则从更为实用的数据结构角度提供进阶训练。

本部分首先就数据结构这门课程的内容与地位、与计算机语言的关系、学习的方法及学习后应当具有的能力等多方面进行全面总结。

4.1.1 数据结构课程综述

一、数据结构课程内容总结

1. 数据结构课程针对的问题及研究内容

数据结构是一门研究非数值计算的程序设计问题中计算机的操作对象以及它们之间的关系和操作等的学科。

2. 数据结构课程的章节安排及知识框架

数据结构课程主要包括三大部分内容：① 讲解解决编程问题时采用的三种主要逻辑结构(线性表、树和图)的逻辑结构特点、存储结构实现及在这个结构上的主要操作；② 将常用的查找与排序算法进行汇总并分析评价；③ 给出评估算法效率的时空分析法，并在上述算法中进行应用。

关于知识框架的其它说明：

(1) 查找与排序算法各为一章的原因及与结构的关系。

查找与排序是程序设计问题中最常见的操作，随着计算机科学的发展，有众多的方法(算法)被提出，为了便于学习、比较及使用，一般数据结构的教材会将已提出的较为常用的方法各自汇总一章。相对于其它章以结构为中心讲解知识不同，这类知识是以算法为中心进行讲解，但算法本身一定是建立在结构的基础上的。

(2) 各种特殊线性表与一般线性表的关系。

这里特别说明，栈与队列属于操作受限线性表，逻辑结构属于线性表，但应用极为广泛，所以独立于线性表单独讲解。学习过程中会发现，这两种结构比线性表更常用，但更简单。这里需要注意的是，栈与队列是两种各种独立相互无关的结构，但因为有共性，在众多的教材中往往放在一章中进行讲解，有的教材则分别各列一章讲解。而数组与广义表是对普通线性表的扩展，它们同样是有共性但各自独立相互无关的结构。

二、数据结构与计算机语言及编程的关系

1. 数据结构与计算机语言的关系

在市面上看到的数据结构教材有 C 语言版的、Pascal 版的、C++版的、JAVA 版的等，几乎每种当前流行的语言都对应一版数据结构的教材。而各版本书的知识框架都差不多，均有线性表、队列、栈、二叉树及图等，内容的描述也差不多，只是具体举例说明该思想时采用的计算机语言不同。那么，数据结构与计算机语言是什么关系呢？由前述描述可知，数据结构是讲述编程解决问题时的规划与思想，即结合问题设计逻辑结构、存储结构及解决问题的算法，这些都完成后才编程进行实现。而为了讲清数据结构的这些内容，纯粹用文字语言是难以说清，也难以表述精确的，所以需要选择一种语言进行描述。

这就是数据结构与计算语言的关系：数据结构的内容本身与计算机语言无关，是讲编程实现前的问题规划与思想的，但是为了讲清这些内容需要借助一种计算语言举例说明，例如 C 语言版的数据结构教材即采用 C 语言说明数据结构的思想，JAVA 版的则采用 JAVA 语言说明数据结构的思想。学习数据结构应该选择一种自己熟悉的语言的教材，这样可以让自己的精力放在学习解决问题的思想上，而不要因为语言不够熟悉影响核心内容的学习效率。核心思想掌握后，后续则根据自己解决问题的需要选择合适的计算机语言去完成系统。

2. 数据结构与编程的关系

具体来讲，任何非数值计算的程序设计问题中数据对象的关系可以采用线性表、树或图这样三种逻辑结构之一来描述。每种逻辑结构在计算机中的表示即存储结构有顺序和链式两种方式。最终的程序设计问题是在指定逻辑结构基础上指定其存储结构，在其上设计算法解决问题。一般教材各列一章讲解这三种逻辑结构中的一种，包括这种逻辑结构的特点、所采用顺序存储与链式存储的方法，以及在每种存储结构上进行的常见操作算法如(插入、删除与遍历等)。

由上述描述过程可以看出，学了数据结构课程后对一个问题往往有多种可行方案，择优的角度是根据需要选择用时最少或使用空间最少的方案。通过这门课的学习掌握分析算法效率的时空效率分析法。

三、数据被组织成一种结构的原因与方式

1. 数据需被组织成一种结构的原因

对一个非数据计算的程序设计问题来讲，常常有大量的数据，首先需要被存储，在此基础上进行查找及其它操作。大量的数据被无序堆放是一个种极其糟糕的处理方式，会使使用数据的效率极低。就如同在一个库房里堆放大量的货物，如果没有规则地堆放，来一件丢进去一件，堆放量很大时在库房里找一件货物是极其低效的。如果设计一个规则，比如按不同的位置分成几小堆，每小堆放一类货物，或者说做好柜架按某种顺序堆放，则找货时会大大提高效率。这里即将货物组织成了一种结构。

2. 数据可被组织成的结构形式

数据组织成什么结构合适呢？比如上面的例子中，货物是按小堆分开堆放好还是做个货架好呢？如何做货架，应该做什么样的好？这里没有绝对唯一的答案，数据结构的设计与选择应该根据数据使用的情况或要解决的问题来决定。结构应该在能解决问题的基础上尽可能简单。简单的结构在存储、查找及其它操作时整体会显得简单、高效。其中线性表、树和图这三种结构足以解决所有的程序设计问题，其中线性表是最为简单的一种结构。

四、学习数据结构后应具备的思维方式及能力

1. 学习数据结构后对程序设计问题的思维方式

对一个编程问题，首先选择或设计出一种逻辑结构，进而在此基础上选择或设计出合适的存储结构，在此基础上进一步设计并实现解决问题的算法。当有多种方案可行时，结合问题背景采用时空效率分析法科学选择最合理的方案。

2. 数据结构课程应重点掌握的内容及学习后应有的能力

(1) 掌握三大逻辑结构分别采用顺序存储与链式存储时常见各操作的特性。学习数据结构后应当具有什么能力？

(2) 在积累上述知识的基础上，对一个程序设计问题，能选择或设计出合适的逻辑结构，进而在此基础上选择或设计出合适的存储结构，在此基础上进一步设计并实现解决问题的算法。

(3) 同一问题可以采用不同逻辑结构或同一逻辑结构的不同存储结构或同一逻辑结构同一存储结构下算法不同等方式，对同一问题提供多种解决方案。对不同的方案应该有能力评价算法的优缺点，并能做出科学选择。

(4) 因为相关知识与经验的积累，有能力快速分析出别人代码(算法)的思想。

4.1.2　数据结构基本知识难点讲解

一、数据的逻辑结构

数据对象中数据元素之间的相互关系。这里的逻辑结构与问题有关，与计算机实现无关。数据元素的相互关系称为结构，通常有下列四类：

(1) 集合：结构中的数据元素之间除了同属于一个集合的关系外，没有其他关系，如图 4-1-1 所示。

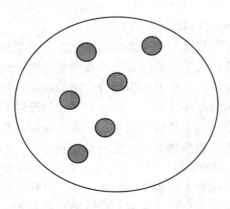

图 4-1-1　集合

(2) 线性结构：结构中的数据元素之间存在一个对一个的关系，如图 4-1-2 所示。

图 4-1-2　线性结构

(3) 树形结构：结构中的数据元素之间存在一个对多个的关系(从上往下看)，如图 4-1-3 所示。

(4) 图状结构或网状结构：结构中的数据元素之间存在多个对多个的关系，即任意两个元素间均可以有关系，如图 4-1-4 所示。

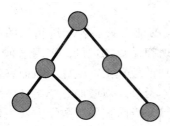

图 4-1-3　树形结构

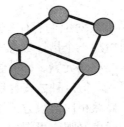

图 4-1-4　图状结构(网状结构)

这里用圆圈表示数据元素，圆圈间的连线表示元素间的关系。元素代表什么，关系代表什么与具体问题有关，或视具体问题而定。

二、数据的存储结构

数据的存储结构又称数据的物理结构，是数据的逻辑结构在计算机中的存储形式。在存储逻辑结构时，除了存储数据元素本身外，还应当存储元素间的关系。具体存储分为顺序存储与链式存储两种方式。

1. 顺序存储

比如，在 C 语言的学习过程中曾解决过这样的简单问题：给定一组有序数"0，4，6，8，11，17"，插入一个数 5 后其仍然有序，即为"0，4，5，6，8，11，17"。这里的每个数字即为该问题的数据元素，描述中同时给出了数据元素间的明确关系：0 在第一个位置，4 在 0 之后，……，最大为 17，因此数据元素间的结构属于上述四类逻辑结构中的线性结构。这个关系与计算机的实现无关，只与问题本身有关。在编程实现时，可以将这组数存储于数组中进行，存储时原始数据形式为：

0	1	2	3	4	5	6
0	4	6	8	11	17	

插入 5 后仍然有序，结果为：

0	1	2	3	4	5	6
0	4	5	6	8	11	17

可以看出，采用数组方式进行操作时除了存储数据元素本身外，同时利用存储空间的前后关系表示了元素逻辑上的前后关系。在此插入操作时，需要将最后的元素到插入点的每个元素顺次各向后移动一位。

2. 链式存储

此问题也可采用链表存储，如存储原始数据形式为：

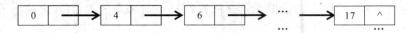

插入 5 后仍然有序，结果为：

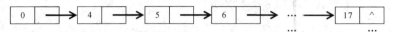

这里各结点所对应的存储空间不连续，无法用空间的前后关系表示逻辑上的前后关系，这里采用增加一个指针域方式，用其存储后续元素所在结点的地址。采用这种方式进行插入时不需要移动元素，开辟新结点后直接链接到合适的位置上，就这一点而言相比采用数组方式更优。但这种方式开辟的空间除了存放元素本身外，须增加一个指针域用于指向后续结点，显然相比数组方式要占用更多的空间，就这一点而言采用数组方式更优。应该选用哪种方式更好呢？可根据解决的问题背景进行决定。

其实不仅线性结构可以采用这两种存储方式，上述其它各逻辑结构均可采用连续空间(顺序映像)与非连续空间(非顺序映像)两种方式表示，分别称为顺序存储结构与链式存储结构。前者用连续空间存储元素，用存储空间的相对位置表示数据元素的逻辑关系；后者采用非连续空间存储，用指针表示数据元素的逻辑关系。

三、抽象数据类型

C 语言中定义变量需属于一个类型，如有语句

```
int i, j;
float p;
char str;
```

定义变量 i 属于基本整型，则决定变量 i 的取值范围和可进行的操作；p 与 str 与 i 的类型不同，它们的取值范围与 i 不同，一些操作也不同。可见，数据类型决定了取值范围和可进行的操作，或是一个值的集合和定义在这个值集上的一组操作的总称。而一个类型所对应的特性是数学特性的抽象，如各个计算机都拥有"整数"类型，它们在不同的处理器上的实现方法可能不同，但其定义的数学特性相同，在用户看来都是相同的。例如，进行两个整数 i 与 j 求和运算，写成代码为"i+j"，程序设计者并不需要知道表示整数与求和操作在硬件"位"是如何进行的，仍然能实现求和运算，只要知道"数学上求和"指什么。这是类型的数学特性的抽象。

抽象数据类型(Abstract Data Type，ADT)是指一个数学模型以及定义在该模型上的一组操作。抽象数据类型的范畴更广，除了包括已定义并实现的数据类型外，还包括用户在设计软件系统时自己定义的数据类型。一个含抽象数据型的软件模块通常包括定义、表示

和实现三个部分。

本书采用以下格式定义抽象数据类型：

ADT 抽象数据类型名{

　　　数据对象：<数据对象的定义>

　　　数据关系：<数据关系的定义>

　　　基本操作：<数据操作的定义>

} ADT 抽象数据类型名；

本部分将从抽象数据类型角度描述每一种数据结构，当正确定义并实现相关类型描述后，可以直接使用。

4.2　线　性　表

数据结构较为简单的结构是线性结构中的线性表、栈与队列，其中栈与队列是操作受限的线性表。本节及后续各节将介绍这几种数据结构的抽象数据类型定义，其中重点是逻辑结构描述与常见操作函数描述。在实现各函数时，给定了分别采用顺序存储与链式存储时的一部分代码作为参考外，其它函数需自己实现，以更好地了解每种结构存储及操作上的相关特性，从而在应用中能做出更好的选择。用这些函数完成一个或几个简单应用，以更好地掌握结构相关特性，而且这些函数也可为后续的其它应用提供基础。

本部分程序实现采用的预定义的常量与类型含义如下：

```
#define TRUE 1
#define FALSE 0
#define OK 1
#define ERROR 0
#define INFEASIBLE -1
#define OVERFLOW -2
/*Status 为函数的(返回值)类型，其值是函数结果状态代码，如 OK 等*/
typedef int Status;
/*ElemType 为数据元素类型，根据实际情况而定，这里假设为 int*/
typedef int ElemType;
```

4.2.1　线性表的逻辑结构

线性表是最常用、最简单的一种数据结构。从数据结构的角度来看，之前 C 语言学习时的程序设计问题均是将数据组织成了线性表，只是直接从数组或链表这样的存储结构上讲解算法，并没有从逻辑结构上进行强调。为了深刻理解系统内部实现，线性表部分要求必须采用 C 语言实现，其它部分没有语言要求。

一个线性表是 n 个数据元素的有限序列。通俗来讲，即从数据元素在逻辑上的关系来看，线性表是一个元素挨一个元素构成一条线，如图 4-2-1 所示。

图 4-2-1　线性表元素关系示意图

4.2.2　线性表的常见操作

对线性表的常见操作有查找一个元素，插入、删除一个元素等。

一、线性表的常见操作

将线性表认为是一种类型时，其常见操作有以下 12 种：

1. InitList(&L)

操作结果：构造一个空的线性表。

2. DestroyList(&L)

初始条件：线性表 L 已存在。

操作结果：销毁线性表 L。

3. ClearList(&L)

初始条件：线性表 L 已存在。

操作结果：将 L 重置为空表。

4. ListEmpty(L)

初始条件：线性表 L 已存在。

操作结果：若 L 为空表，则返回 TRUE，否则返回 FALSE。

5. ListLength(L)

初始条件：线性表 L 已存在。

操作结果：返回 L 中数据元素个数。

6. GetElem(L, i, &e)

初始条件：线性表 L 已存在，1≤i≤ListLength(L)。

操作结果：用 e 返回 L 中第 i 个数据元素的值。

7. LocateElem(L, e, compare())

初始条件：　线性表 L 已存在，compare()是数据元素判定函数(满足为 1，否则为 0)。

操作结果：返回 L 中第 1 个与 e 满足关系 compare()的数据元素的位序。　若这样的数据元素不存在，则返回值为 0。

8. PriorElem(L, cur_e, &pre_e)

初始条件：线性表 L 已存在。

操作结果：若 cur_e 是 L 的数据元素，且不是第一个，则用 pre_e 返回它的前驱，　否则操作失败，pre_e 无定义。

9. NextElem(L, cur_e, &next_e)

初始条件：线性表 L 已存在。

操作结果：若 cur_e 是 L 的数据元素，且不是最后一个，则用 next_e 返回它的后继，否则操作失败，next_e 无定义。

10. ListInsert(&L, i, e)

初始条件：线性表 L 已存在，1≤i≤ListLength(L)+1。

操作结果：在 L 中第 i 个位置之前插入新的数据元素 e，L 的长度加 1。

11. ListDelete(&L, i, &e)

初始条件：线性表 L 已存在，1≤i≤ListLength(L)。

操作结果：删除 L 的第 i 个数据元素，并用 e 返回其值，L 的长度减 1。

12. ListTraverse(L, visit())

初始条件：线性表 L 已存在。

操作结果：依次对 L 的每个数据元素调用函数 visit()。一旦 visit()失败，则操作失败。

二、说明

(1) 形参中的&不是地址符，而是"引用参数"，即除了提供输入值外，还将返回操作结果，通俗来讲，是指当该函数让此变量发生变化时，对应的实参发生同样的改变。比如 ListLength(L)操作是求得线性表 L 的元素个数，这个操作并不会让线性表发生改变，因而 L 前没有&符号；GetElem(L, i, &e)操作是从线性表 L 中取得第 i 个元素，将值赋给 e 返回，这个操作不会让线性表发生变化，i 也由实参给定后不会在该函数发生变化，因此 L 前没有&符号，而 e 所对应的实参要接受所找到的值，因此 e 前有&符号。但在 C 语言中并没有"引用参数"的概念，而且只有实参能使用地址符，形参并不能使用地址符，想要用 C 语言实现"参数返回值"这一功能时，需要借用指针。

(2) LocateElem(L, e, compare())中的 compare()与 ListTraverse(L, visit())中的 visit()是均函数，对应的实参应该是函数名，需要用"指向函数的指针"知识。

(3) 每个函数的具体实现依赖于所采用的存储结构，即采用顺序存储与链式存储分别实现同一功能时，操作过程(算法)完全不同。为了更好地掌握线性表采用顺序存储与链式存储的各种优缺点，需要对上述基本操作分别采用两种存储结构来编写。

4.2.3　线性表的顺序存储及基本操作

对线性表的存储分别采用顺序存储和链式存储两种方法来实现，每种方法存储结构进行如下限定(为了区分所采用的存储类型，将采用顺序存储时的线性表类型命名 SqList，将链式存储的线性表类型名命名为 LinkList)。本部分首先讲解线性表的顺序存储及操作。

一、本部分采用的线性表的动态分配顺序存储结构定义

```
#define LIST_INIT_SIZE 100    /*线性表存储空间的初始分配量*/
#define LISTINCREMENT    10    /*线性表存储空间的分配增量*/
typedef struct
{
```

```
    ElemType *elem;   /* 存储空间基址(首地址) */
    int length;   /* 当前长度 */
    int listsize;   /* 当前分配的存储容量(以 sizeof(ElemType)为单位) */
}SqList;
```

从这里的定义可以看出，该类型定义中并没有分配数据存储空间，比如有变量 L 属于 SqList 型，即有

SqList L;

则 L 所对应的存储空间示意图如图 4-2-2 所示。

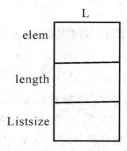

图 4-2-2　动态顺序存储 SqList 类型的变量存储结构示意图

此时变量 L 并没有数据存储空间，这是因为 SqList 类型的 elem 域对应的是"ElemType *"指针类型，因而只能存放一个(数据元素的)地址，并没有实际存储多个 ElemType 类型的元素空间。

二、线性表各主要操作在动态顺序存储下的实现

1. InitList(&L)操作在动态顺序存储下的实现

在此结构下对线性表的常见操作中"InitList(&L)"函数用于完成分配实际存储数据空间问题。采用 C 语言实现该函数的代码如下：

```
Status InitList(SqList *L)
  { /*操作结果：构造一个空的顺序线性表*/
    (*L).elem = (ElemType*)malloc(LIST_INIT_SIZE*sizeof(ElemType));
    if(!(*L).elem)
      exit(OVERFLOW); /*存储分配失败*/
    (*L).length = 0; /*空表长度为 0 */
    (*L).listsize = LIST_INIT_SIZE; /*初始存储容量*/
    return OK;
  }
```

可以看出，这里的线性表的顺序存储的初始化函数 InitList() 采用 malloc(LIST_INIT_SIZE*sizeof(ElemType)) 动态分配了一大段连续的空间，将该空间的首地址赋予 L 的 elem 域，对应的空间关系如图 4-2-3 所示。

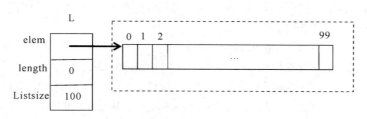

图 4-2-3　利用 InitList() 函数分配动态数组与 L 的关系示意图

特别注意，这里只有虚线部分的空间是在执行 InitList(SqList *L) 函数而被分配，左边
L 变量的空间在调用该函数前已经产生，在调用此函数时只是将该变量的地址传给 InitList()
函数。这种连续空间并非在定义时产生，而是在程序执行期间根据需要动态分配的方式称
为动态数组。调用 InitList() 函数的程序传递了 L 结构的地址，其三个域的值在执行 InitList()
函数期间填入对应的值，具体含义如图 4-2-3 所示。

2. GetElem(L, i, &e)操作在动态顺序存储下的实现

在此存储结构下实现"取表中的一个元素函数 GetElem(L, i, &e)"时，代码如下：

```
Status GetElem(SqList L, int i, ElemType *e)
  { /*初始条件：顺序线性表 L 已存在，1≤i≤ListLength(L)*/
    /*操作结果：用 e 返回 L 中第 i 个数据元素的值*/
    if(i<1 || i>L.length)
      exit(ERROR);
    *e = *(L.elem+i-1);
    return OK;
  }
```

可以看出，这种存储方式与 3.1 节采用静态数组实现时的类型定义不同，3.1 节的定义为：

```
#define MAXSIZE 100 /*存储空间初始分配量*/
typedef struct
{
    ElemType data[MAXSIZE];    /*数组，存储数据元素*/
    int length;                /*表示当前有效长度*/
}SqList;
```

这种定义方式下 data 为长度为 100 的一维数组用于存放数据，即当有"SqList L;"时，
变量 L 的 data 域即包括数据的存储空间。L 的存储结构如图 4-2-4 所示。

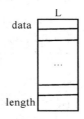

图 4-2-4　静态顺序存储 SqList 类型的变量存储结构示意图

这里的数据空间定义变量 L 时即分配，在此结构下实现"取表中的一个元素函数 GetElem(L, i, &e)"时，代码如下：

```
Status GetElem(SqList L, int i, ElemType *e)
{   /*初始条件：顺序线性表 L 已存在，1≤i≤ListLength(L)*/
    /*操作结果：用 e 返回 L 中第 i 个数据元素的值，
                注意 i 是指位置，第 1 个位置的数组是从 0 开始*/
    if(L.length == 0 || i < 1 || i>L.length)
        return ERROR;
    *e = L.data[i-1];
    return OK;
}
```

从这两个简单的小例子可以看出，即使采用了顺序存储结构，结构细节上的设计不同会使函数的实现细节不同，只要能完成用户需要的功能均可。动态空间的大小可以根据实际需要调整，优势明显。但需要非常清楚地知道程序中空间的实际使用情况及空间的相互关系，并能用语言正确操作。从本节开始，程序需要连续空间时均要求使用动态数组。

3. DestroyList(&L)操作在动态顺序存储下的实现

```
Status DestroyList(SqList *L)
{ /*初始条件：顺序线性表 L 已存在*/
  /*操作结果：销毁顺序线性表 L */
  free((*L).elem);
  (*L).elem = NULL;
  (*L).length = 0;
  (*L).listsize = 0;
  return OK;
}
```

4. ClearList(&L)操作在动态顺序存储下的实现

```
Status ClearList(SqList *L)
{ /*初始条件：顺序线性表 L 已存在*/
  /*操作结果：将 L 重置为空表*/
  (*L).length = 0;
  return OK;
}
```

5. ListEmpty(L)操作在动态顺序存储下的实现

```
Status ListEmpty(SqList L)
{ /*  初始条件：顺序线性表 L 已存在*/
  /*操作结果：若 L 为空表，则返回 TRUE，否则返回 FALSE */
  if(L.length == 0)
```

```
            return TRUE;
        else
            return FALSE;
    }
```

6. ListLength(L)操作在动态顺序存储下的实现

```
int ListLength(SqList L)
{ /* 初始条件：顺序线性表 L 已存在*/
  /*操作结果：返回 L 中数据元素个数*/
    return L.length;
}
```

7. LocateElem(L, e, compare())操作在动态顺序存储下的实现

```
int LocateElem(SqList L, ElemType e, Status(*compare)(ElemType, ElemType))
{ /* 初始条件：顺序线性表 L 已存在，compare()是数据元素判定函数(满足为 1，否则为 0)*/
  /*操作结果：返回 L 中第 1 个与 e 满足关系 compare()的数据元素的位序。若这样的数据元
            素不存在，则返回值为 0*/
    ElemType *p;
    int i = 1;              /* i 的初值为第 1 个元素的位序  */
    p = L.elem;              /* p 的初值为第 1 个元素的存储位置  */
    while(i <= L.length&&!compare(*p++, e))
        ++i;
    if(i <= L.length)
        return i;
    else
        return 0;
}
```

LocateElem()函数的特别注意点：

(1)　LocateElem 函数返回的位序 i 为现实中的位序，而非数数中的下标。对于数组中下标从 0 开始，但现实中这个数据对应于第 1 个元素，这两个概念所对应的数值相差 1。这一点在使用整个顺序存储时要特别注意，是使用现实中的位序还是数组中的下标。

(2)　形参中的"Status(*compare)(ElemType, ElemType)"是说明该参数是指向函数的指针，实参对应的是一个函数调用，该函数只有具有类型为"ElemType"的两个参，返回值为 Status 型的函数。从上述描述中可以确定，调用的这个函数比较了两个元素的值并通过返回结果表明了两个值的关系。只要符合该描述的函数均可以作为"LocateElem"函数的第三个实参。比如调用"LocateElem"函数如下：

```
if(!LocateElem(*La, e, equal)) /*线性表 La 中不存在和 e 相同的元素，则将之放入 La 末尾*/
ListInsert(La, ++La_len, e);
```

这里的"equal"是函数名，含义为比较两个量是否相等，对应的函数实现如下：

```
Status equal(ElemType c1, ElemType c2)
  { /*判断是否相等的函数  */
    if(c1 == c2)    return TRUE;
    Else     return FALSE;
  }
```

8. PriorElem(L, cur_e, &pre_e)操作在动态顺序存储下的实现

```
Status PriorElem(SqList L, ElemType cur_e, ElemType *pre_e)
  { /*初始条件：顺序线性表 L 已存在*/
   /*操作结果：若 cur_e 是 L 的数据元素，且不是第一个，则用 pre_e 返回它的前驱，  否则操
             作失败，pre_e 无定义*/
    int i = 2;
    ElemType *p = L.elem+1;
    while(i <= L.length&&*p != cur_e)
    {p++; i++;}
    if(i > L.length)
       return INFEASIBLE;
    else
    {
      *pre_e = *--p;
      return OK;
    }
  }
```

9. NextElem(L, cur_e, &next_e)操作在动态顺序存储下的实现

```
Status NextElem(SqList L, ElemType cur_e, ElemType *next_e)
  { /*初始条件：顺序线性表 L 已存在*/
   /*操作结果：若 cur_e 是 L 的数据元素，且不是最后一个，则用 next_e 返回它的后继，  否
             则操作失败，next_e 无定义*/
    int i = 1; ElemType *p = L.elem;
    while(i < L.length&&*p != cur_e)
    {i++; p++; }
    if(i == L.length)
       return INFEASIBLE;
    else
    {*next_e = *++p;return OK;}
  }
```

注意：NextElem()函数与 PriorElem()函数中用到了"INFEASIBLE"常量，但前面宏
定义时的"#define"并没有设定具体值，如果编制该函数则需要根据含义加入具体的设定。

10. ListTraverse(L, visit())操作在动态顺序存储下的实现

```
Status ListTraverse(SqList L, void(*vi)(ElemType*))
  { /*初始条件：顺序线性表 L 已存在*/
   /*操作结果：依次对 L 的每个数据元素调用函数 vi()。一旦 vi()失败，则操作失败。
              vi()的形参加&，表明可通过调用 vi()改变元素的值*/
   ElemType *p;int i; p = L.elem;
   for(i = 1; i <= L.length; i++)
     vi(p++);
   printf(\n); return OK;
  }
```

11. ListDelete(&L, i, &e)操作在动态顺序存储下的实现

```
Status ListDelete(SqList *L, int i, ElemType *e)
  { /*初始条件：顺序线性表 L 已存在，1≤i≤ListLength(L) */
   /*操作结果：删除 L 的第 i 个数据元素，并用 e 返回其值，L 的长度减 1*/
   ElemType *p, *q;
   if(i<1 || i>(*L).length)         /* i 值不合法*/
     return ERROR;
   p = (*L).elem+i-1;               /* p 为被删除元素的位置*/
   *e = *p;                          /*被删除元素的值赋给 e*/
   q = (*L).elem+(*L).length-1;     /*表尾元素的位置  */
   for(++p; p<=q; ++p)              /*被删除元素之后的元素左移  */
     *(p-1) = *p;
   (*L).length--;                    /*表长减 1*/
   return OK;
  }
```

　　线性表删除一个元素是极为常见的操作，但其操作有显著的缺点，即删除过程需要大量地移动其它数据才能实现。比如有数据序列为"21，4，18，9，11，0，12"，要删除该序列中第 2 个元素，结果为"21，18，9，11，0，12"。采用顺序存储方式实现时对原序列的存储假设如图 4-2-5(a)所示，删除第 2 个元素的存储结果如图 4-2-5(b)所示。可以看出，删除的过程是将后面的每个数据元素顺次往前移动一个位置。

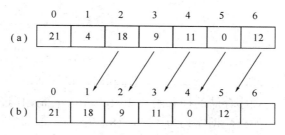

图 4-2-5　顺序存储结构下删除一个元素示意图

采用 ListDelete()函数实现删除时有两点需特别注意：

(1) 第 2 位序的元素在顺序存储结构下对应的下标是 1，删除元素的下标比实际位序少 1，这也是代码中删除元素采用"p = (*L).elem+i – 1"的原因。如果所采用的语言对应的顺序存储下标从 1 开始编号而非 0，则此部分代码需修正为合理值。

(2) 从如上顺序存储示意图的结果可以看出，在此结构上删除一个元素，实质过程为将该元素所在位置的后一位元素覆盖本元素，后面的每位元素均顺次往左一位，完成删除操作；从代码也可以看出，此算法的时间主要耗在唯一的循环上，而这个循环的作用正是移动元素，但该算法的目的只是想删除其中的一个元素，并没有移动这一要求。产生这一结果的原因由顺序存储采用连续存储的空间特点决定：由存储空间相邻表示数据逻辑上的相邻。当删除元素 18 时，21 之后是 9，必须用空间的前后关系表示这一点，只能将 9 移到原 18 的位置。因为 9 向前移了一位，为了符合顺序存储表示关系的要求则后面的每一位均向前移一位。

12. ListInsert(&L, i, e) 操作在动态顺序存储下的实现

```
Status ListInsert(SqList *L, int i, ElemType e)
  { /*初始条件：顺序线性表 L 已存在，1≤i≤ListLength(L)+1 */
    /*操作结果：在 L 中第 i 个位置之前插入新的数据元素 e，L 的长度加 1*/
    ElemType *newbase, *q, *p;
    if(i<1 || i>(*L).length+1)   /* i 值不合法*/
      return ERROR;
    if((*L).length >= (*L).listsize)   /*当前存储空间已满，增加分配*/
    {
      newbase = (ElemType *)realloc((*L).elem, ((*L).listsize+LISTINCREMENT)
         *sizeof(ElemType));
      if(!newbase)
        exit(OVERFLOW);   /*存储分配失败*/
      (*L).elem = newbase;   /*新基址*/
      (*L).listsize += LISTINCREMENT;   /*增加存储容量*/
    }
    q = (*L).elem+i-1;   /*q 为插入位置*/
    for(p = (*L).elem+(*L).length-1; p >= q; --p)   /*插入位置及之后的元素右移*/
      *(p+1) = *p;
    *q = e;   /*插入 e*/
    ++(*L).length;   /*表长增 1*/
    return OK;
  }
```

特别注意，线性表的顺序存储的插入函数 ListInsert()内部操作过程与删除有同样的问题：需要大量移动元素。如有数据序列为"21，18，9，11，0，12"，要在第 2 个元素前插入元素 4，结果为"21，4，18，9，11，0，12"。采用顺序存储方式实现时对原序列的

存储假设如图 4-2-6 (a)所示，插入后存储结果如图 4-2-6(b)所示。

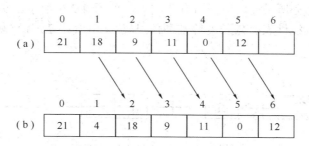

图 4-2-6　顺序存储结构下插入一个元素示意图

从图 4-2-6 可以看出，在顺序存储结构进行插入仍需移动元素，只是从最后一个元素开始到插入位置为止将每个元素顺次向右移一位，以此方式将计划插入位置的空间留出。从代码中可以看出，算法主要耗用于 for 循环，该循环是在大量移动元素。

4.2.4　线性表的链式存储及基本操作

线性表除了可以顺序存储表示外，还可以链式存储表示。这里将给出线性表单向链式存储结构的定义与特点，以及在此结构下的各常见操作的实现。

一、线性表的单链表存储结构的相关定义

```
typedef struct LNode
 {
    ElemType data;
    struct LNode *next;
 }LNode, *LinkList;
```

并非如上定义了，就有一个链表。如有：

　　LinkList　L;

表明 L 是一个指针，可以用来指向一个 LNode 型的量。对应的空间如图 4-2-7 所示。

图 4-2-7　LinkList 类型变量 L 所对应的存储空间示意图

真实的单链表如图 4-2-8 所示。

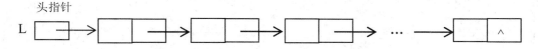

图 4-2-8　指针 L 指向的链表的空间关系示意图

定义了 L 即"LinkList　L"仅定义了头指针，而链表中的每一个结点根据需要在其它

函数中动态分配产生。

特别注意：本部分所采用的链表带有头结点，如图 4-2-9 所示。头结点位于第一个元素结点前，用于存放线性表有效长度等辅助信息(含义由设计者定)，头结点后才是第一个数据元素结点。

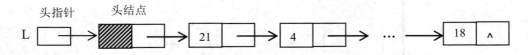

图 4-2-9　带头结点的链式存储结构示意图

二、线性表的链式操作下的实现

在此链式存储结构下线性表常见的 12 种操作对应的函数实现如下：

```
Status InitList(LinkList *L)
  { /*操作结果：构造一个空的线性表 L */
    *L = (LinkList)malloc(sizeof(struct LNode));      /*产生头结点，并使 L 指向此头结点*/
    if(!*L)                          /*存储分配失败*/
      exit(OVERFLOW);
    (*L)->next = NULL;             /*指针域为空*/
    return OK;
  }
```

1. InitList(&L) 操作在链式存储下的实现

InitList()函数构造的空的线性表如下：

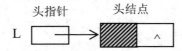

即只产生了头结点，并与头指针建立关系，没有产生其它数据结点。

2. DestroyList(&L)操作在链式存储下的实现

```
Status DestroyList(LinkList *L)
  { /*初始条件：线性表 L 已存在*/
   /*操作结果：销毁线性表 L */
    LinkList q;
    while(*L)
    {
      q = (*L)->next;
      free(*L);
      *L = q;
```

```
        }
     return OK;
    }
```

这里 DestroyList()函数将从头结点开始，依次往后释放每一个结点，因而 L 的值发生了变化。

3. ClearList(&L)操作在链式存储下的实现

```
    Status ClearList(LinkList L)        /*不改变 L*/
    { /*初始条件：线性表 L 已存在*/
      /*操作结果：将 L 重置为空表*/
      LinkList p, q;
      p = L->next;              /*p 指向第一个结点*/
      while(p)                  /*没到表尾*/
      {
        q = p->next;
        free(p);
        p = q;
      }
      L->next = NULL;           /*头结点指针域为空*/
      return OK;
    }
```

这里 ClearList()函数只是将 L 链表置为空，即保留头结点释放其它后续全部结点，因而 L 并不变。

4. ListEmpty(L)操作在链式存储下的实现

```
    Status ListEmpty(LinkList L)
    { /*初始条件：线性表 L 已存在*/
     /*操作结果：若 L 为空表，则返回 TRUE，否则返回 FALSE*/
      if(L->next) /*  非空  */
         return FALSE;
      else
         return TRUE;
    }
```

5. ListLength(L)操作在链式存储下的实现

```
    int ListLength(LinkList L)
    { /*  初始条件：线性表 L 已存在*/
     /*操作结果：返回 L 中数据元素个数*/
      int i = 0;
      LinkList p = L->next;            /*p 指向第一个结点*/
```

```
        while(p)                      /*没到表尾*/
        {
            i++; p = p->next;
        }
        return i;
    }
```

这里的 ListLength()函数采用每执行一次进行计数统计的方式计算链表的有效数据结点的个数。如果头结点的数据域存放了线性表长度这样的信息，则可以通过：

    i = L-> data;

方式直接读取长度信息。

6. GetElem(L, i, &e)操作在链式存储下的实现

```
Status GetElem(LinkList L, int i, ElemType *e)
  {/*初始条件：线性表 L 已存在*/
   /*操作结果：L 为带头结点的单链表的头指针。当第 i 个元素存在时, 其值赋给 e 并返回 OK,
             否则返回 ERROR*/
    int j = 1;                  /* j 为计数器 */
    LinkList p = L->next;       /* p 指向第一个结点*/
    while(p&&j<i)               /*顺指针向后查找，直到 p 指向第 i 个元素或 p 为 */
    {
    p = p->next; j++;
    }
    if(!p || j>i)              /*第 i 个元素不存在*/
       return ERROR;
    *e = p->data;              /*取第 i 个元素*/
    return OK;
  }
```

7. LocateElem(L, e, compare())操作在链式存储下的实现

```
int LocateElem(LinkList L, ElemType e, Status(*compare)(ElemType, ElemType))
  {/*初始条件：线性表 L 已存在, compare()是数据元素判定函数(满足为 1, 否则为 0)*/
   /*操作结果：返回 L 中第 1 个与 e 满足关系 compare()的数据元素的位序。若这样的数据元
             素不存在, 则返回值为 0 */
    int i = 0;
    LinkList p = L->next;
    while(p)
    {
      i++;
      if(compare(p->data, e))        /*找到这样的数据元素*/
```

```
        return i;
      p = p->next;
    }
    return 0;
  }
```

本书中的 3.1 节所定义的链表中没有头结点，使得同样函数操作上的细节与这里并不相同，比如这里取得第一个结点的代码为：

　　　　LinkList p = L->next;

在 3.1 节中 GetElem()函数的代码如下：

```
Status GetElem(LinkList L, int i, ElemType *e)
{ /* L 为单链表的头指针。当第 i 个元素存在时*/
 /*其值赋给 e 并返回 OK, 否则返回 ERROR */
  int j = 1;   /* j 为计数器  */
  LinkList p = L;            /* p 指向第一个结点*/
  while(p&&j<i)            /* 顺指针向后查找，直到 p 指向第 i 个元素或 p 为空  */
  {
    p = p->next;
    j++;
  }
  if(!p || j>i)            /*第 i 个元素不存在*/
    return ERROR;
  *e = p->data;            /*取第 i 个元素*/
  return OK;
}
```

其取第一个结点的代码为：

　　　　LinkList p = L;

造成同为单链表但操作细节不同的原因在于存储结构的设计细节不同。程序员可根据自己解决问题的需要设计自己的存储结构，并非须跟上面的设计一致，但存储结构跟上面描述不同时，所有的函数实现均需要做细节上的调整，不能直接使用如上代码。

　　8. PriorElem(L, cur_e, &pre_e)操作在链式存储下的实现

```
Status PriorElem(LinkList L, ElemType cur_e, ElemType *pre_e)
 { /*初始条件：线性表 L 已存在*/
  /*操作结果：若 cur_e 是 L 的数据元素，且不是第一个，则用 pre_e 返回它的前驱，
              返回 OK; 否则操作失败, pre_e 无定义, 返回 INFEASIBLE*/
  LinkList q, p = L->next;          /* p 指向第一个结点  */
  while(p->next)            /* p 所指结点有后继  */
  {
```

```
        q = p->next;                /* q 为 p 的后继 */
        if(q->data == cur_e)
        {
            *pre_e = p->data;
            return OK;
        }
        p = q;                      /* p 向后移 */
    }
    return INFEASIBLE;
}
```

9. NextElem(L, cur_e, &next_e)操作在链式存储下的实现

```
Status NextElem(LinkList L, ElemType cur_e, ElemType *next_e)
{ /*初始条件：线性表 L 已存在*/
  /*操作结果：若 cur_e 是 L 的数据元素，且不是最后一个，则用 next_e 返回它的后继，返回
            OK；否则操作失败，next_e 无定义，返回 INFEASIBLE*/
    LinkList p = L->next;           /* p 指向第一个结点*/
    while(p->next)                  /* p 所指结点有后继*/
    {
        if(p->data == cur_e)
        {
                    next_e = p->next->data;
                    return OK;
                    }
        p = p->next;
    }
    return INFEASIBLE;
}
```

10. ListInsert(&L, i, e) 操作在链式存储下的实现

```
Status ListInsert(LinkList L, int i, ElemType e)        /*不改变 L */
{ /*初始条件：线性表 L 已存在*/
  /*操作结果：在带头结点的单链线性表 L 中第 i 个位置之前插入元素 e*/
    int j = 0;
    LinkList p = L, s;
    while(p&&j<i-1)                 /*寻找第 i-1 个结点*/
    {
      p = p->next;
      j++;
```

```
    }
    if(!p || j>i-1)                    /* i 小于 1 或者大于表长*/
      return ERROR;
    s = (LinkList)malloc(sizeof(struct LNode));          /*生成新结点*/
    s->data = e;              /*插入 L 中*/
    s->next = p->next;
    p->next = s;
    return OK;
  }
```

ListInsert()函数完成在第 i 个元素结点前插入一个元素结点。比如有序列"21，4，7，9，1，6，18"，现在第 2 个元素 4 前插入一个元素 5，序列应为"21，5，4，7，9，1，6，18"。插入前序列对应的单链表存储结构如下：

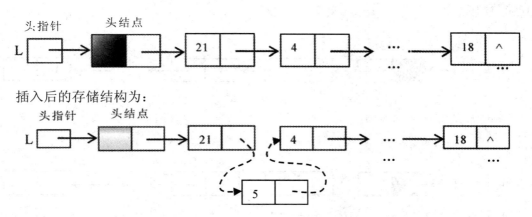

插入后的存储结构为：

从图示中可以看出，插入时只有找到第 i−1 个结点，将要插入的元素结点链接在其后，即按图中方式修改虚箭头所对应的两个指针即可，不会有线性表的顺序存储在插入时大量移动数据元素的情形发生。但是因为空间不连续，找到任意一个结点均需从头开始顺序搜索，所以算法的主要耗时并非在插入，而是在寻找第 i−1 个结点上。从上面的代码也可以看出，唯一的一个循环是在搜索 i−1 结点上。

11. ListDelete(&L, i, &e)操作在链式存储下的实现

```
Status ListDelete(LinkList L, int i, ElemType *e)   /*不改变 L */
  { /*初始条件：线性表 L 已存在*/
   /*操作结果：在带头结点的单链线性表 L 中，删除第 i 个元素，并由 e 返回其值*/
   int j = 0;
   LinkList p = L, q;
   while(p->next&&j<i-1)          /*寻找第 i 个结点，并令 p 指向其前趋*/
   {
     p = p->next;
     j++;
```

```
        }
    if(!p->next || j>i-1)              /*删除位置不合理*/
        return ERROR;
    q = p->next;                       /*删除并释放结点*/
    p->next = q->next;
    *e = q->data;
    free(q);
    return OK;
    }
```

ListDelete()函数完成删除第 i 个元素结点。比如有序列"21，4，7，9，1，6，18"，现在删除第一个元素 21 后的序列应为"4，7，9，1，6，18"。删除前序列对应的单链表存储结构如下：

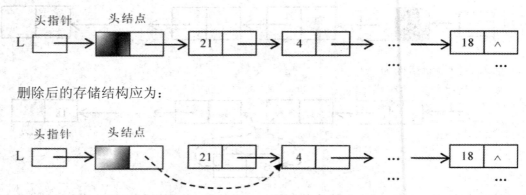

删除后的存储结构应为：

可以看出删除也不需要大量移动，而只将删除结点前的结点的指针域指向删除结点后的结点即可。主要的耗时仍然在搜索第 i–1 个结点。

12. ListTraverse(L, visit())操作在链式存储下的实现

```
Status ListTraverse(LinkList L, void(*vi)(ElemType))
    { /*初始条件：线性表 L 已存在*/
    /*操作结果：依次对 L 的每个数据元素调用函数 vi()。一旦 vi()失败，则操作失败*/
    LinkList p = L->next;
    while(p)
    {
        vi(p->data);
        p = p->next;
    }
    printf("\n");
    return OK;
    }
```

13. ListTraverse(L, visit())操作在链式存储下的实现

```
Status ListTraverse(LinkList L, void(*vi)(ElemType))
  { /*初始条件：线性表 L 已存在*/
   /*操作结果：依次对 L 的每个数据元素调用函数 vi()。一旦 vi()失败，则操作失败*/
   LinkList p = L->next;
   while(p)
   { vi(p->data); p = p->next;
   }
   printf("\n");
   return OK;
  }
```

4.2.5　线性表的两个简单应用

已实现上面的各线性表的基本操作完成后，可以利用编程调用这些函数进行具体的应用。其中第一个应用"两个集合并运算"的算法"void Union(List &La, List Lb)"要求分别用调用函数的顺序存储与链式存储及不调用函数的顺序存储三种方法实现；第二个应用"两个有序表合并后仍然是有序表"的算法"void MergeList(List La, List Lb, List &Lc)"要求用调用函数且分别用顺序存储与链式存储实现及不用调函数的链式存储三种方法实现。

通过一题多种方法的实现，可深入地感知数据结构在解决编程问题中的特点与作用及编程解决问题的方法。

一、线性表的应用之一：两个集合并运算

1. 题目要求

实现两个集合的并运算 A∪B。假如 A = {1, 4, 6, 5, 2}，B = {0, 2, 3, 5, 7, 1, 4}，则两集合的并运算的结果是{1, 4, 6, 5, 2, 0, 3, 7}。因为是集合，所以这里数据列举没有前后顺序。

2. 解决方案分析

可用线性表这种逻辑结构表示集合，如用 La、Lb 分别表示问题中的集合 A 与 B，具体示意如下：

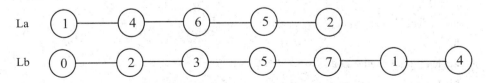

运算可以将其中一个集合的数据并入另一个集合中，如将 B 集合中有而 A 集合中没有的数据放入 A 集合中，即实现 A = A∪B。完成后 A 集合变化，而 B 集合保持不变。实现如此方案可从线性表 Lb 中依次取每个数据元素，将其与线性表 LA 中的每个元素比较，若没有相同值则将其放到 La。据此思想，给出该问题的算法框架如下：

```
    void Union(List &La, List Lb)
    { /*将所有在线性表 Lb 中但不在 La 中的数据元素插入到 La 中*/
      La_len = ListLength(La);        /*求线性表的长度*/
      Lb_len = ListLength(Lb);
      for(i = 1; i <= Lb_len; i++)
      {
        GetElem(Lb, i, e);            /*取 Lb 中第 i 个数据元素赋给 e*/
        if(!LocateElem(La, e, equal))  /* La 中不存在和 e 相同的元素，则插入 La 的末尾*/
          ListInsert(La, ++La_len, e);
      }
    }
```

3. 说明

(1) 这里的算法仅是在逻辑结构上设计的，其中的 List 只是表明线性表，没有涉及具体的存储方式。实际上，该算法中涉及的各子函数可分别采用顺序存储与链式存储实现，前面已经给出两种结构实现时的详细代码。所以该算法的具体实现必须确定是采用顺序存储还是链式存储。如果采用顺序存储，则类型名用 SqList 取代 List；如果是链式存储，则类型名应该为 LinkList。

(2) 上述代码只是用类代码的方式描述清楚了算法的核心思想，并不能真正运行，需要结合具体的计算机语言和算法思想进行修改。这里没有变量定义，需结合算法思想补充；这里没有主函数，需要自己编写验证算法的正确性。

(3) "void Union(List &La, List Lb)" 的参数 La 前的 "&" 符号并不是表示地址，而是表示该函数会让此变量发生变化，调用后对应的实参接受这个改变后的结果，类似于 C++ 中的引用参数含义。

(4) 实现上述 "void Union(List &La, List Lb)" 算法分别采用顺序存储与链式存储实现。

4. 实现方法

1) 实现方法一

采用线性表的顺序存储，用 C 语言实现时的代码为：

```
    void Union(SqList *La, SqList Lb)
    { /*将所有在线性表 Lb 中但不在 La 中的数据元素插入到 La 中*/
      ElemType e;
      int La_len, Lb_len;
      int i;
      La_len = ListLength(*La);       /*求线性表的长度*/
      Lb_len = ListLength(Lb);
      for(i=1; i<=Lb_len; i++)
      {
        GetElem(Lb, i, &e);           /*取 Lb 中第 i 个数据元素赋给 e*/
        if(!LocateElem(*La, e, equal))  /* La 中不存在和 e 相同的元素，则插入之*/
```

```
            ListInsert(La, ++La_len, e);
        }
    }
```

2) 实现方法二

采用线性表的链式存储实现该算法的代码为：

```
    void Union(LinkList *La, LinkList Lb)
    {
        ElemType e;
        int La_len, Lb_len;
        int i;
        La_len = ListLength(*La);
        Lb_len = ListLength(Lb);
        for(i=1; i<=Lb_len; i++)
        {
            GetElem(Lb, i, &e);
            if(!LocateElem(*La, e, equal))
                ListInsert(La, ++La_len, e);
        }
    }
```

表面上看这两种实现方式除了类型名不一样外其它均一样，实际上调用的函数完全不同，前者调用的每个函数实现时针对顺序存储方式，后者调用的每个函数则针对链式存储实现。比如，同样是"GetElem(Lb, i, &e)"函数，在顺序存储下实现找到第 i 个元素的过程与在链表下找第 i 个元素的过程完全不同。

3) 实现方法三

采用不调用线性表常见操作函数方式，而是自己结合上述思想的理解编写程序实现。应该对此问题采用链式存储与顺序存储谁更合适进行评价，选择自己认为合适的存储方式实现。

5. 思考题

(1) 采用时、空效率分析法，全面评估分别采用顺序存储与链式存储时两种方法各自的优缺点。

(2) 上述"void Union(List &La, List Lb)"算法的实现，是将一个出现在线性表 LB 但 LA 未要的元素放置于 LA 的末尾。关于找末尾位置，在顺序存储结构下是容易的，但在链表下实现是非常耗时的，直接插入头结点可有效地避免该问题。基于此，对于"void Union(List &La, List Lb)"算法采用链式存储时代码如何修改能提高效率？

(3) 运算后可以使集合 A 与 B 不发生变化，将产生的并运算的结果放入新集合中即 C = A∪B，则对应的算法应该如何设计？

(4) 运算是否可以采用将一个线性表元素放置于另一个线性表末尾，然后再删除其中重复出现的元素这样的方式实现?

(5) 只能用线性表表示集合吗？能用树与图吗？尝试用树与图表示集合，并在此逻辑结构上设计算法，进一步实现。就此问题，采用哪种结构解决问题最简单？

二、线性表的应用之二：两个有序表合并，合并后仍然有序

1. 题目要求

已知线性表 La 和 Lb 中的数据元素按值非递减有序排列，现要求将 La 和 Lb 归并为一个新的线性表 Lc，且 Lc 中的数据元素仍按值非递减有序排列。例如，设

    La = (3, 5, 8, 11)
    Lb = (2, 6, 8, 9, 11, 15, 20)

则

    Lc = (2, 3, 5, 6, 8, 9, 11, 15, 20)

2. 解决方案分析

充分利用线性表有序的特性，分别从 La 和 Lb 取第一个元素相比，将小的元素放入 Lc 中，取小元素所在的下一个元素与另一个线性表的当前元素继续相比。如此操作直到一个线性表的全部元素取尽，未取尽的线性表将余下的元素置入线性表 Lc 的末尾。

据此思想，对线性表的常见操作采用调用函数时的算法框架如下：

```
void MergeList(List La, List Lb, List &Lc)
{   /*已知线性表 La 和 Lb 中的数据元素按值非递减排列*/
    /*归并 La 和 Lb 得到新的线性表 Lc，Lc 的数据元素也按值非递减排列
    InitList(Lc);        /*创建空表 Lc*/
    i = j = 1, k = 0;
    La_len = ListLength(La);
    Lb_len = ListLength(Lb);
    while(i <= La_len&&j <= Lb_len)   /*表 La 和表 Lb 均非空*/
    {
        GetElem(La, i, ai);
        GetElem(Lb, j, bj);
        if(ai <= bj)
        {ListInsert(Lc, ++k, ai);++i;}
        else
        { ListInsert(Lc, ++k, bj);++j;}
    }
    while(i <= La_len)              /*表 La 非空且表 Lb 空*/
    {GetElem(La, i++, ai);ListInsert(Lc, ++k, ai);}
    while(j <= Lb_len)             /*表 Lb 非空且表 La 空*/
    {GetElem(Lb, j++, bj);ListInsert(Lc, ++k, bj);}
}
```

　　这里的算法仅是在逻辑结构上设计的，这里的 List 只是表明线性表，没有涉及具体的存储。实际上，该算法中涉及的各子函数可分别采用顺序存储与链式存储实现，前面已经给出两种结构实现时的详细代码。所以该算法的具体实现必须确定是采用顺序存储还是链式存储。

　　3. 实现方法

　　1) 实现方法一

　　采用如上算法框架，顺序存储时类型名用 SqList 取代 List，调用顺序存储时的各函数实现。

　　2) 实现方法二

　　采用如上算法框架，链式存储时类型名应该为 LinkList，调用链式存储时的各函数实现。

　　3) 实现方法三

　　仍然采用上述算法思想，但对链表采用直接操作而非调用函数的算法，框架如下：

```
void MergeList(LinkList La, LinkList &Lb, LinkList &Lc)
{       /*已知单链线性表 La 和 Lb 的元素按值非递减排列*/
    /*归并 La 和 Lb 得到新的单链线性表 Lc，Lc 的元素也按值非递减排列*/
    pa = La->next, pb = Lb->next;
    Lc = pc = La;              /*用 La 的头结点作为 Lc 的头结点*/
    while(pa&&pb)
      if(pa->data <= pb->data)
      {
        pc->next = pa;
        pc = pa;
        pa = pa->next;
      }
      else
      {
        pc->next = pb;
        pc = pb;
        pb = pb->next;
      }
    pc->next = pa?pa:pb; /*插入剩余段*/
    free(Lb); /*释放 Lb 的头结点*/
    Lb = NULL;
}
```

　　该代码没有定义变量，"void MergeList(LinkList La, LinkList &Lb, LinkList &Lc)"中的&代表引用参数，需要结合算法思想与 C 语言做出修改方能运行成功。具体实现方法参照前面的描述。

4.3 栈

栈是一种特殊的线性表，就其逻辑结构来讲，仍然是线性表，但对其所能进行的操作是对线性表操作的子集。栈比线性表更为常用，常配合其它结构，如树与图可以高效地解决一些应用问题，但实际上比线性表更为简单。这一部分的内容延续线性表的框架：逻辑结构、顺序存储、链式存储、简单应用。

4.3.1 栈的定义

栈是只在一端进行插入及删除的线性表。针对栈有全新的术语：对栈进行插入删除的操作端称为栈顶(top)，另一端称为栈底(bottom)。如果按这样的方式进行操作，则产生了栈的一个经典特性：后进先出(LIFO)。图 4-3-1 可以很好地示意这个特性，如果栈已达到这种状态，则最后入栈的必然是元素 a_n，如果此时出栈，只能让栈顶的元素 a_n 出栈，即最后入栈的元素必须先出栈，早先进入栈的元素才可能出栈。

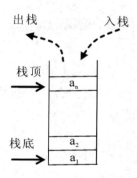

图 4-3-1   栈的示意图

4.3.2 栈的常见操作

相比线性表，栈的操作有自己的特点，比如没有插入、删除操作，取而代之的是入栈与出栈操作。具体常见操作如下：

1. InitStack(&S)

操作结果：构造一个空栈 S。

2. DestroyStack(&S)

初始条件：栈 S 已经存在。

操作结果：销毁栈 S。

3. ClearStack(&S)

初始条件：栈 S 已经存在。

操作结果：把 S 置为空栈。

4. StackEmpty(S)

初始条件：栈 S 已经存在。

操作结果：若栈 S 为空栈，则返回 TRUE，否则返回 FALSE。

5. StackLength(S)

初始条件：栈 S 已经存在。

操作结果：返回 S 的元素个数，即栈的长度。

6. GetTop(S, &e)

初始条件：栈 S 已经存在且非空。

操作结果：若栈不空，则用 e 返回 S 的栈顶元素，并返回 OK；否则返回 ERROR。

7. Push(&S, e)

初始条件：栈 S 已经存在。

操作结果：插入元素 e 为新的栈顶元素。

8. Pop(&S, &e)

初始条件：栈 S 已经存在。

操作结果：若栈不空，则删除 S 的栈顶元素，用 e 返回其值。

9. StackTraverse(S, visit ( ))

初始条件：栈 S 已经存在且非空。

操作结果：从栈底到栈顶依次对栈中每个元素调用函数 visit()。一旦 visit()失败，则操作失败。

4.3.3　栈的顺序存储及基本操作

一、栈的顺序存储与操作描述

1. 栈的顺序存储与操作图示意过程

栈的顺序存储与线性表的一样，关键是对其操作符合栈的规则。图 4-3-2 给出了空栈、入栈、栈满、出栈等各种情形的示意，从中总结出对应的规律，进而可以理解顺序栈操作的实现过程。

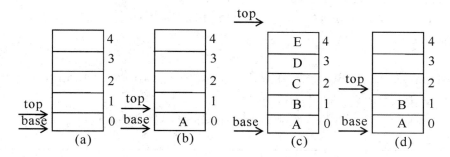

图 4-3-2　栈顶指针与栈中元素的关系

图 4-3-2(a)～(d)演示了栈的变化过程，这里栈的空间长度为 5，下标编号从 0 开始。其中：图 4-3-2(a)是栈空的状态；图 4-3-2(b)是压入一个元素 A 入栈后的状态；图 4-3-2(c)

是继续压下元素 B、C、D、E 后的状态，即栈的 5 个空间全装满元素，是栈满的状态；图 4-3-2(d)是在栈满后出栈三个元素的状态。top 是栈顶指针，base 是栈底指针。

2. 栈的顺序存储与操作规律总结

从上述示意过程，可以看出如下规律：

(1) 顺序栈的操作过程中，base 指针始终不变，一直指向栈底空间；入栈与出栈均移动 top 指针。入栈时，top 指针往上移动；出栈时，top 指针往下移动。

(2) top 指针并没有指向栈顶元素。在图 4-3-2(b)中栈顶元素是 A，在图 4-3-2(c)中栈顶元素是 E，在图 4-3-2(d)中栈顶元素是 B。top 指针并没有指向栈顶元素，而是指向了栈顶元素的下一个位置，此位置可以认为是空。要得出元素入栈与出栈后 top 指针始终符合如此规律，则入栈与出栈时 top 指针变化规律应当是：

① 在入栈时，将元素放入 top 指针所指向的空间(该空间为空)，top 指针指向下一个空间；

② 在出栈时，将 top 指针指向前一个空间(为栈顶元素所在空间)，取出此时 top 指针所指向空间的元素。

(3) 栈空时，只有一种情形：base == top，即两个指针指向同一个空间，如图 4-3-2(a)所示。按如上规则，top 指针指向的空间始终空，而目前其对应的地址是最小的，因而必然为空。

(4) 栈满时，只有一种情形：top – base == 5，即 top 指针指向栈空间的下一个空间，如图 4-3-2(c)所示。这里 top 仍符合(2)所描述的规则，但是总共 5 个空间已经全放满元素，属于栈满。

(5) 在栈空时不能出栈，因为没有元素可以出栈；在栈满时不能再压栈，因为没有空间可以压栈。

(6) 栈里存放的元素个数为：top – base。

二、顺序栈常见操作实现

基于顺序栈的规律总结，给出了如下顺序栈常见操作实现。顺序栈的类型定义为：

```
/* -----------栈的顺序存储表示------*/
#define STACK_INIT_SIZE   100          /*存储空间初始分配量*/
#define STACKINCREMENT    10           /*存储空间分配增量*/
Typedef struct
{
    SElemType *base;             /*在栈构造之前和销毁之后，base 的值为 NULL*/
    SElemType *top;              /*栈顶指针*/
    int stacksize;              /*当前已分配的存储空间，以元素为单位*/
}SqStack;
```

如果有：

　　SqStack S;

则 S 的存储空间如图 4-3-3 所示。

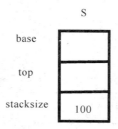

图 4-3-3　顺序栈 "SqStack S" 中 S 的空间示意图

可以看出，以 "SqStack S" 定义的顺序栈 S，其实并没有真实的可以存放数据的栈空间，只有 base、top 指针域，并没有说明指向哪里。需要采用如下的 InitStack()函数分配实际的栈空间，并让 base、top 指针均指向栈底。具体代码如下：

1. InitStack(&S)操作在顺序栈下的实现

```
Status InitStack(SqStack *S)
  {/*构造一个空栈 S */
    (*S).base = (SElemType *)malloc(STACK_INIT_SIZE*sizeof(SElemType));
    if(!(*S).base
      exit(OVERFLOW);    /*存储分配失败*/
    (*S).top = (*S).base;
    (*S).stacksize = STACK_INIT_SIZE;
    return OK;
  }
```

InitStack()函数完成的功能如图 4-3-4 所示。具体来讲分配了长度为 STACK_INIT_SIZE 的真正的栈的数据空间，并将 S 的三个数据域根据含义填入。根据图示可以看出，代表目前栈空。

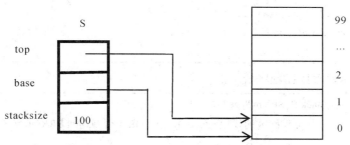

图 4-3-4　顺序栈中 InitStack()函数的功能示意图

下面是顺序栈的其它操作实现，结合图 4-3-2 示意的顺序栈的含义不难理解每个函数为何如此实现。

2. DestroyStack(&S)操作在顺序栈下的实现

```
Status DestroyStack(SqStack *S)
  {/*销毁栈 S，S 不再存在*/
    free((*S).base);
```

```
    (*S).base = NULL;
    (*S).top = NULL;
    (*S).stacksize = 0;
    return OK;
  }
```

3. ClearStack(&S)操作在顺序栈下的实现

```
Status ClearStack(SqStack *S)
  { /*把 S 置为空栈*/
    (*S).top = (*S).base;
    return OK;
  }
```

ClearStack()函数为置 S 栈为空。据图 4-3-2 示意可知，base 指针始终指向栈底不变，当 base 指针与 top 指针相等时栈空，因此 ClearStack()函数如此实现。

4. StackEmpty(S)操作在顺序栈下的实现

```
Status StackEmpty(SqStack S)
  { /*若栈 S 为空栈，则返回 TRUE，否则返回 FALSE*/
    if(S.top == S.base)
       return TRUE;
    else
       return FALSE;
  }
```

5. StackLength(S)操作在顺序栈下的实现

```
int StackLength(SqStack S)
  { /*返回 S 的元素个数，即栈的长度*/
    return S.top-S.base;
  }
```

6. GetTop(S, &e)操作在顺序栈下的实现

```
Status GetTop(SqStack S, SElemType *e)
  { /*若栈不空，则用 e 返回 S 的栈顶元素，并返回 OK；否则返回 ERROR*/
    if(S.top>S.base)
    {
       *e = *(S.top-1);
       return OK;
    }
    Else
    return ERROR;
  }
```

7. Push(&S, e)操作在顺序栈下的实现

```
Status Push(SqStack *S, SElemType e)
  { /*插入元素 e 为新的栈顶元素*/
    if((*S).top-(*S).base >= (*S).stacksize)   /*栈满，追加存储空间*/
    {
      (*S).base = (SElemType*)realloc((*S).base, ((*S).stacksize +
              STACKINCREMENT)*sizeof(SElemType));
      if(!(*S).base)
        exit(OVERFLOW); /* 存储分配失败 */
      (*S).top = (*S).base+(*S).stacksize;
      (*S).stacksize += STACKINCREMENT;
    }
    *((*S).top) ++= e;
    return OK;
  }
```

8. Pop(&S, &e)操作在顺序栈下的实现

```
Status Pop(SqStack *S, SElemType *e)
  {/*若栈不空，则删除 S 的栈顶元素，用 e 返回其值，并返回 OK；否则返回 ERROR*/
    if((*S).top == (*S).base)
      return ERROR;
    *e = *--(*S).top;
    return OK;
  }
```

9. StackTraverse(S, visit( ))操作在顺序栈下的实现

```
Status StackTraverse(SqStack S, Status(*visit)(SElemType))
  {/*从栈底到栈顶依次对栈中每个元素调用函数 visit()。一旦 visit()失败，则操作失败*/
    while(S.top>S.base)
      visit(*S.base++);
    printf("\n"); return OK;}
```

4.3.4　栈的链式存储及基本操作

栈可以采用链式表示，称为链栈，如图 4-3-5 所示。可以看出，存储结构完全与线性表的链式存储一致。根据栈的定义，需将一端设为栈顶，可以在该位置插入和删除结点；另一端设为栈底保持不变。根据这一要求，将链表的第一结点设为栈顶，链表末尾结点置为栈底方便操作，即压栈时将元素置于 S 指针之后，出栈时将 S 指针指向的结点删除。这

种方式相比线性表操作更为简单，毕竟栈的操作是线性表操作的子集(特例)。

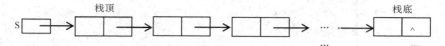

图 4-3-5　链栈示意图

可以将线性表的链式操作做一定的修改即实现链栈操作。一种简易的处理方式如下：线性表对应的上述操作已给出，只要将函数名字宏定义成链栈的名字即可，不需要重写代码。

```
typedef LNode *LinkList;          /*线性表中的链式定义*/
typedef SElemType ElemType;       /*栈结点类型和链表结点类型一致*/
typedef LinkList LinkStack;       /* LinkStack 是指向栈结点的指针类型*/
#define InitStack InitList        /*InitStack()与 InitList()作用相同，下同*/
#define DestroyStack DestroyList
#define ClearStack ClearList
#define StackEmpty ListEmpty
#define StackLength ListLength
#define GetTop GetFirstElem/*GetFirstElem()是线性表的扩展操作，下面给出对应代码，下同*/
#define Push HeadInsert
#define Pop DeleteFirst
Status GetFirstElem(LinkList L, ElemType *e)
 { /*返回表头元素的值*/
   LinkList p = L->next;
   if(!p) /*空表*/
     return ERROR;
   else /*非空表*/
     *e = p->data;
   return OK;
 }
```

```
 Status DeleteFirst(LinkList L, ElemType *e)
 { /*初始条件：线性表 L 已存在，且有不少于 1 个元素*/
   /*操作结果：删除 L 的第一个数据元素，并由 e 返回其值*/
   LinkList p = L->next;
   if(p)
   { *e = p->data;
     L->next = p->next;
     free(p);
     return OK;
   }
   else
```

```
        return ERROR;
    }
Status HeadInsert(LinkList L, ElemType e)
```

```
{ /*初始条件：线性表 L 已存在*/
 /*操作结果：在 L 的头部插入新的数据元素 e，作为链表的第一个元素*/
    LinkList s;
    s = (LinkList)malloc(sizeof(struct LNode));    /* 生成新结点*/
    s->data = e;                    /*给结点赋值*/
    s->next = L->next;              /*插在表头*/
    L->next = s;
    return OK;
}
```

4.3.5　栈的简单应用

一、数制转换

1. 题目要求

编程实现将十进数 N 转为 d 进制。

2. 解决方案分析

解决方法很多，其中一个简单算法基于如下原理：

$$N = (N \text{ div } d) \times d + N \text{ mod } d$$

其中：div 为整除运算，mod 为求余运算。

例如，$(1348)_{10} = (2504)_8$，其运算过程如下：

N	N div 8	N mod 8
1348	168	4
168	21	0
21	2	5
2	0	2

按如上运算过程计算出的余数按顺序显示分别为"4，0，5，2"，但实际的结果为"2，5，0，4"，即需要将运算结果逆置：最先计算出的数 4 放在末尾，最后计算出的数 2 放在首位。

将一组数逆置的方法很多，其中栈是实现该功能的一种方法。采用栈逆置时，只要将所有元素按顺序压栈，再全部出栈即完成这组数的逆置。本题要求采用栈实现，栈的操作部分调用上述已实现的函数。具体实现时，可以采用顺序栈也可以采用链式栈。

3. 实现方法

进制转换的算法参考代码如下：

```
void conversion(int N, int d)
{   /*对于给定的任意非负十进制数 N，打印出与其等值的 d 进制数*/
    InitStack(S)
    while(N) {    /*将每一步计算结果按顺序入栈*/
        Push(S, N%d);
        N = N/d;
    }
    while(!StackEmpty(s)){    /*按顺序出栈，即将栈内全部元素逆置*/
        Pop(S, e)
    printf("%d", e);
    }
}    /*转换*/
```

二、括号匹配

1. 题目要求

编程实现对给定的一组括号序列判断其是否匹配正确。

2. 解决方案分析

括号运算是表达式运算中的一个重要部分，不考虑具体运算仅指括号的正确匹配时，具有如下特征：

(1) 它必须成对出现，如"（"与"）"是一对，"["与"]"是一对。

(2) 出现时有严格的左右关系。

(3) 可以以嵌套的方式同时出现多组多括号，但必须是包含式嵌套，不允许交叉式嵌套。比如"（[ ]（）"、"[（[ ]）]"是正确的，"[（]）"、"（[（）)"、"（）]"是不正确的。

对给定的一组括号序列，可判断其是否按上述要求匹配正确。从前往后依次观察给定的括号序列可以看出如下规律：左括号可以在任意时机出现，但只要出现一个右括号时，按照嵌套包含原则，须判断与前一位的左括号是否匹配，不匹配则出错，匹配则继续。为了后续右括号可以快速确定应该与前面第几个左括号进行比对，可以在每遇到配对的括号时，让它们同时从序列中清除，如此可以按"每出现一个右括号时，均与前一位的左括号进行判断是否匹配"来操作。

具体实现时可以借助于栈进行，具体处理过程为：对于括号序列按顺序依次进行判断，如果是左括号则压栈，如果是右括号则判断是否与栈顶元素配对，如果不配对则说明序列有错，操作结束；如果配对则栈顶元素出栈，继续如上操作。直到整个序列操作完而栈空则括号序列匹配正确，栈不空则不正确。

3. 功能扩展

将处理的括号扩展为针对"（）"、"[]"、"{}"三类。

三、行编辑程序

1. 题目要求

编程实现一个简单的行编辑功能，用户可以输入一行内容，并可进行简易编辑：遇到输入部分内容有误时操作退格符"#"表示前一位无效，"@"表示之前的内容均无效。

2. 解决方案分析

实现该功能时用栈很方便：可将输入的数据依次压栈，遇到"#"符号时，则出栈一个元素后继续；遇到"@"则将栈清空后继续。最后栈里的内容是用户想要的有价值的内容。

3. 实现方法

算法思想框架如下，根据具体采用的语言进行修改实现。

```
void LineEdit()
{ /*利用字符栈 S，从终端接收一行并送至调用过程的数据区*/
  InitStack(S);
  printf("请输入一个文本文件, ^Z 结束输入:\n");
  ch = getchar();
  while(ch != EOF)
  { /* EOF 为 ^Z 键，全文结束符 */
    while(ch != EOF&&ch != '\n')
    {
      switch(ch)
      {
        case '#':Pop(S, c);
                 break;   /* 仅当栈非空时退栈*/
        case '@':ClearStack(S);
                 break;   /*重置 S 为空栈*/
        default :Push(S, ch);   /*有效字符进栈*/
      }
      ch = getchar();   /*从终端接收下一个字符*/
    }
    StackTraverse(S, copy);   /*将从栈底到栈顶的栈内字符传送至文件*/
    ClearStack(S);   /*重置 S 为空栈*/
    fputc('\n', fp);
    if(ch != EOF)
      ch = getchar();
  }
  DestroyStack(S);
}
```

```
Status copy(SElemType c)
{ /*将字符 c 送至 fp 所指的文件中*/
    fputc(c, fp);
    return OK;
}
```

4.4 队 列

队列与栈有很多共性，它们都是一种特殊的线性表，就其逻辑结构来讲，仍然是线性表，但对其所能进行的操作是对线性表操作的子集。它们常配合树与图高效地解决一些应用问题，但实际上比线性表更为简单。相比栈，队列在操作上的约束有所不同。这一部分的内容延续线性表的框架：逻辑结构、顺序存储与链式存储、简单应用。

4.4.1　队列的逻辑结构

和栈不同，队列是一种先进先出(First In First Out，FIFO)的线性表。它只允许在表的一端进行插入，而在另一端删除元素。这与现实生活中的排队场景一致，比如去银行排队，先到的人先办理，后到的人后办理。数据结构中的队列即取自于这一思想。在队列中，允许插入的一端叫队尾(rear)，允许删除的一端称为队头(front)。图 4-4-1 是队列的示意图。

图 4-4-1　队列的示意图

4.4.2　队列的常见操作

相比线性表，队列的操作有自己的特点，比如没有插入、删除操作，取而代之的是入队与出队操作。具体常见操作如下：

1. InitQueue(&Q)

操作结果：构造一个空队列 Q。

2. DestroyQueue(&Q)

初始条件：队列 Q 已经存在。

操作结果：销毁队列 Q，Q 不再存在。

3. ClearQueue(&Q)

初始条件：队列 Q 已经存在。

操作结果：将 Q 清为空队列。

4. QueueEmpty(Q)

初始条件：队列 Q 已经存在。

操作结果：若队列 Q 为空队列，则返回 TRUE，否则返回 FALSE。

5. QueueLength(Q)

初始条件：队列 Q 已经存在。

操作结果：返回 Q 的元素个数，即队列的长度。

6. GetHead(Q, &e)

初始条件：Q 为非空队列。

操作结果：若队列不空，则用 e 返回 Q 的队头元素，并返回 OK，否则返回 ERROR。

7. Endueue(&Q, e)

初始条件：队列 Q 已经存在。

操作结果：插入元素 e 为 Q 的新的队尾元素。

8. DeQueue(&Q, &e)

初始条件：Q 为非空队列。

操作结果：删除 Q 的队头元素，用 e 返回其值。

9. QueueTraverse(Q, vi( ))

初始条件：队列 Q 已经存在。

操作结果：从队头到队尾依次对队列 Q 中的每个元素调用函数 vi()。一旦 vi 失败，则操作失败。

4.4.3　队列的顺序存储及基本操作

一、队列的顺序存储与操作描述

1. 队列的顺序存储与操作图示意过程

队列的顺序存储与线性表的一样，关键是对其操作符合队列的规则。图 4-4-2 给出了空队、入队、队满、出队等各种情形的示意。

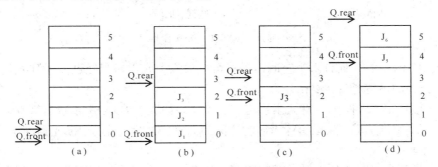

图 4-4-2　头、尾指针与队列中元素之间的关系

从此图可以看出顺序队列存在"假满"的原因，以及提出解决此问题的循环队列思想。在此基础上，可以高效地理解顺序队列各操作的实现过程。

图 4-4-2(a)～(d)演示了队列的变化过程，这里队列的空间长度为 6，下标编号从 0 开始。其中：图 4-4-2 (a)是队空的状态；图 4-4-2(b)是三个元素 J_1、J_2、J_3 按次序入队后的状态；图 4-4-2(c)是元素 J_1、J_2 出队后的状态；图 4-4-2(d)是在 J_4、J_5、J_6 继续入队，然后 J_3、J_4 出队的状态。Q.front 是队首指针，Q.rear 是队尾指针。

2. 队列的顺序存储与操作的规律总结

从上述示意过程，可以看出如下规律：

(1) 顺序队列的操作过程，Q.rear 指针与 Q.front 均能移动，而且都是从低地址向高地址移动，即移动方向一致；入队时移动 Q.rear 队尾指针，出队时移动 Q.front 队首指针。

(2) 当队列不空时，如图 4-4-2(b)、(c)、(d)中队列均有元素，Q.front 队首指针始终指向队列中的第一个元素。要得出元素出队后 Q.front 队首指针始终符合如此规律，则正确的操作顺序应当是：使 Q.front 队首指针指向的元素出队，Q.front 指向下一空间。

(3) Q.rear 队尾指针并没有最后一个元素，而是指向的队尾元素的下一个位置，此位置可以认为是空。要得出元素入队后 Q.rear 队尾指针始终符合如此规律，则正确的操作顺序应当是：入队元素置于 Q.rear 指针指向的空间中，Q.rear 指针指向下一空间。

3. 队列的存储顺序存储与操作产生的假空现象

因为入队的 Q.rear 队尾指针与出队的 Q.front 队首指针均向同一方向移动，这会造成一种现象：队尾指针已达到最大地址不能入队，但实际上 Q.front 队首指针之前有空的空间，如图 4-4-2(d)所示。这种现象称为"假满"，需要解决。解决的策略很多，其中一种方式称为"循环队列"，即当指针指向最大地址后，重新指向最小地址，即将空间认为是一个环状。但这种环状按如上操作会引起无法区分队空与队满。下面以图 4-4-3 说明这个问题。

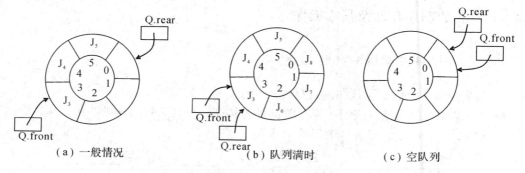

（a）一般情况　　　　　（b）队列满时　　　　　（c）空队列

图 4-4-3　循环队列的头尾指针

图 4-4-3 示意的队列有六个空间，最多可以放六个元素。当经过一系列入队、出队操作后总体分为如下三种情形：

(1) 一般情形，即队列中有元素也有空的空间，如图 4-4-3(a)所示状态情形，此时有三个元素及三个空余空间。队尾指针指向的空间为队列中最后一个(队尾)元素的下一个空间，为空的空间。

(2) 队满情形，即队列中没有空的空间，全占满元素，如图 4-4-3(b)所示状态。它是在

图 4-4-3(a)所示状态后按照"将元素放入队尾指针所指向的空的空间，队尾指针指向下一个空间"的方式继续入队 J_6、J_7、J_8 三个元素后的结果。此时队列不再有空余的空间，也使队首指针 Q.front 与队尾指针 Q.rear 指向同一空间，即 Q.front == Q.rear。

（3）队空情形，即队列中没有一个元素。如图 4-4-3(c)所示状态，是在图 4-4-3(a)所示状态后按照"将队首指针所指向的元素出队，队首指针指向下一个空间"的方式连续出队 J_3、J_4、J_5 三个元素，此时队列中不再有元素。同样会使队首指针 Q.front 与队尾指针 Q.rear 指向同一空间，即 Q.front == Q.rear。

可以看出，采用循环队列最大的问题是无法区分队空还是队满，它们都具有"Q.front == Q.rear"的特征。实际上按这种方式达到队满时，会使队尾指针指向的空间并不为空，与图 4-4-2 描述的队尾指针在操作过程的规则相违背。基于此，可以考虑少用一个元素空间，约定以"队尾指针指向的空间为空，但它的下一个位置为队首指针"来表示队满，队空采用"Q.front == Q.rear"表示及判断。这样既能区分队空与队满，又能使指针操作一直符合上面设定的规则。

4. 循环队列中循环的实现方法

不论是队首指针还是队尾指针，在移动时都需要判断是否要回到空间的首地址上。怎么编程表示呢？其实非常简单。如果顺序队列的定义如下：

```
#define MAXQSIZE 6      /*队列空间长度*/
struct SqQueue
{
    QElemType *base;  /*初始化的动态分配存储空间*/
    int front;      /*队首指针，若队列不空，则指向队列头元素*/
    int rear;       /*队尾指针，若队列不空，则指向队列尾元素的下一个位置*/
};
```

则队首指针 Q.front 与队尾指针 Q.rear 实际上是存储空间的下标。最小的下标是 0，最大的下标是 5。以队尾指针为例，移动应该是：

　　　　Q.rear = Q.rear +1；

但当 Q.rear 为 5 时，Q.rear + 1 为 6，超出最大小标，没有循环起来。若改为：

　　　　Q.rear = (Q.rear + 1)%MAXQSIZE；

则能循环。比如：

　　当 Q.rear 为 2 时，(Q.rear +1)%MAXQSIZE 为 3

　　当 Q.rear 为 4 时，(Q.rear +1)%MAXQSIZE 为 5

　　当 Q.rear 为 5 时，(Q.rear +1)%MAXQSIZE 为 0

按此方式，当已达到最高下标值时，下一个下标自然跳到 0；当没有达到最高下标值时，它能保持正常到移到下一个下标值。这样不难理解书中给出的相关代码。

二、循环队列基本操作的实现

采用 C 语言实现循环队列基本操作的参考代码如下：

1. InitQueue(&Q)操作在循环队列下的实现

```
Status InitQueue(SqQueue *Q)
 { /*构造一个空队列 Q*/
   (*Q).base = (QElemType *)malloc(MAXQSIZE*sizeof(QElemType));
   if(!(*Q).base)   /*存储分配失败*/
     exit(OVERFLOW);
   (*Q).front = (*Q).rear = 0;
   return OK;
 }
```

2. DestroyQueue(&Q)操作在循环队列下的实现

```
Status DestroyQueue(SqQueue *Q)
 { /*销毁队列 Q，Q 不再存在*/
   if((*Q).base)
     free((*Q).base);
   (*Q).base = NULL;
   (*Q).front = (*Q).rear = 0;
   return OK;
 }
```

3. ClearQueue(&Q)操作在循环队列下的实现

```
Status ClearQueue(SqQueue *Q)
 { /*将 Q 清为空队列*/
   (*Q).front = (*Q).rear = 0;
   return OK;
 }
```

4. QueueEmpty(Q)操作在循环队列下的实现

```
Status QueueEmpty(SqQueue Q)
 { /*若队列 Q 为空队列，则返回 TRUE，否则返回 FALSE*/
   if(Q.front == Q.rear) /*队列空的标志*/
     return TRUE;
   else
     return FALSE;
 }
```

5. QueueLength(Q)操作在循环队列下的实现

```
int QueueLength(SqQueue Q)
  { /*返回 Q 的元素个数，即队列的长度*/
    return(Q.rear-Q.front+MAXQSIZE)%MAXQSIZE;
  }
```

6. GetHead(Q, &e)操作在循环队列下的实现

```
Status GetHead(SqQueue Q, QElemType *e)
  { /*若队列不空，则用 e 返回 Q 的队头元素，并返回 OK，否则返回 ERROR*/
    if(Q.front == Q.rear)   /*队列空*/
      return ERROR;
    *e = *(Q.base+Q.front);
    return OK;
  }
```

7. EnQueue(&Q, e)操作在循环队列下的实现

```
Status EnQueue(SqQueue *Q, QElemType e)
  { /*插入元素 e 为 Q 的新的队尾元素*/
    if(((*Q).rear+1)%MAXQSIZE == (*Q).front)   /*队列满*/
      return ERROR;
    (*Q).base[(*Q).rear] = e;
    (*Q).rear = ((*Q).rear+1)%MAXQSIZE;
    return OK;
  }
```

8. DeQueue(&Q, &e)操作在循环队列下的实现

```
Status DeQueue(SqQueue *Q, QElemType *e)
  { /*若队列不空，则删除 Q 的队头元素，用 e 返回其值，并返回 OK；否则返回 ERROR*/
    if((*Q).front == (*Q).rear)   /*队列空*/
      return ERROR;
    *e = (*Q).base[(*Q).front];
    (*Q).front = ((*Q).front+1)%MAXQSIZE;
    return OK;
  }
```

9. QueueTraverse(Q, vi( ))操作在循环队列下的实现

```
Status QueueTraverse(SqQueue Q, void(*vi)(QElemType))
{ /*从队头到队尾依次对队列 Q 中每个元素调用函数 vi()。一旦 vi 失败，则操作失败*/
    int i;
    i = Q.front;
    while(i != Q.rear)
    {
    vi(*(Q.base+i));
     i = (i+1)%MAXQSIZE;
    }
    printf("\n");
    return OK;
}
```

4.4.4 队列的链式存储及基本操作

一、队列的链式存储与操作描述

1. 队列的链式存储与操作图示意过程

队列可以采用链式存储，链表内部可以设头结点。因为其一端用于出队，一端用于入队，所以应当同时记录链表中队头结点与队尾结点，便于操作。对应的存储结构如图 4-4-4 所示。

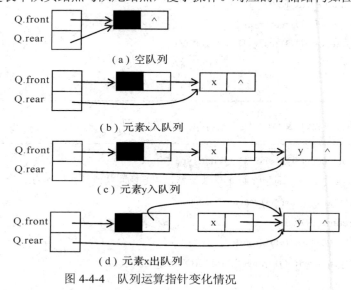

（a）空队列

（b）元素x入队列

（c）元素y入队列

（d）元素x出队列

图 4-4-4　队列运算指针变化情况

2. 队列的链式存储与操作特点总结

如果采用图 4-4-4 所示的方式表示队列，则对其操作有如下特点：

(1) 入队列时，将新结点置于队尾指针 Q.rear 所指向的结点之后，并将 Q.rear 指向新结点。

(2) 出队列时，将头结点的指针域指向下一结点。

(3) 当 Q.rear == Q.front 时，为队空。

二、链式存储队列的操作实现

基于如上描述不难理解链式队列操作的实现。用 C 语言实现的参考代码如下：

```
/*-----------单链队列——队列的链式存储结构--------*/
typedef struct QNode
{
  QElemType data;
  QNode *next;
}*QueuePtr;

typedef struct
{
  QueuePtr front;   /*队头指针*/
  QueuePtr rear;    /*队尾指针*/
}LinkQueue;
```

1. InitQueue(&Q)操作在链式队列下的实现

```
Status InitQueue(LinkQueue *Q)
{ /* 构造一个空队列 Q */
  (*Q).front = (*Q).rear = (QueuePtr)malloc(sizeof(QNode));
  if(!(*Q).front)
    exit(OVERFLOW);
  (*Q).front->next = NULL;
  return OK;
}
```

2. DestroyQueue(&Q)操作在链式队列下的实现

```
Status DestroyQueue(LinkQueue *Q)
{ /*销毁队列 Q(无论空否均可) */
  while((*Q).front)
  {
    (*Q).rear = (*Q).front->next;
    free((*Q).front);
    (*Q).front = (*Q).rear;
  }
```

```
    return OK;
    }
```

3. ClearQueue(&Q)操作在链式队列下的实现

```
Status ClearQueue(LinkQueue *Q)
{ /*将 Q 清为空队列*/
  QueuePtr p, q;
  (*Q).rear = (*Q).front;
  p = (*Q).front->next;
  (*Q).front->next = NULL;
  while(p)
  {  q = p;
     p = p->next;
     free(q);
  }
  return OK;
}
```

4. QueueEmpty(Q)操作在链式队列下的实现

```
Status QueueEmpty(LinkQueue Q)
{ /*若 Q 为空队列，则返回 TRUE，否则返回 FALSE */
  if(Q.front == Q.rear)
     return TRUE;
  else
     return FALSE;
}
```

5. QueueLength(Q)操作在链式队列下的实现

```
int QueueLength(LinkQueue Q)
{ /*求队列的长度*/
  int i = 0;
  QueuePtr p;
  p = Q.front;
  while(Q.rear != p)
  {
     i++;
     p = p->next;
  }
  return i;
}
```

6. GetHead(Q, &e)操作在链式队列下的实现

```
Status GetHead(LinkQueue Q, QElemType *e)
  { /*若队列不空，则用 e 返回 Q 的队头元素，并返回 OK，否则返回 ERROR*/
    QueuePtr p;
    if(Q.front == Q.rear)
      return ERROR;
    p = Q.front->next;
    *e = p->data;
    return OK;
  }
```

7. EnQueue(&Q, e)操作在链式队列下的实现

```
Status EnQueue(LinkQueue *Q, QElemType e)
  { /*插入元素 e 为 Q 的新的队尾元素*/
    QueuePtr p = (QueuePtr)malloc(sizeof(QNode));
    if(!p)    /*存储分配失败*/
      exit(OVERFLOW);
    p->data = e;
    p->next = NULL;
    (*Q).rear->next = p;
    (*Q).rear = p;
    return OK;
  }
```

8. DeQueue(&Q, &e)操作在链式队列下的实现

```
Status DeQueue(LinkQueue *Q, QElemType *e)
  { /* 若队列不空，  则删除 Q 的队头元素，用 e 返回其值，并返回 OK，否则返回 ERROR */
    QueuePtr p;
    if((*Q).front == (*Q).rear)
      return ERROR;
    p = (*Q).front->next;
    *e = p->data;
    (*Q).front->next = p->next;
    if((*Q).rear == p)
      (*Q).rear = (*Q).front;
    free(p);
    return OK;
  }
```

9. QueueTraverse(Q, vi( ))操作在链式队列下的实现

```
Status QueueTraverse(LinkQueue Q, void(*vi)(QElemType))
{/*从队头到队尾依次对队列 Q 中每个元素调用函数 vi()。一旦 vi 失败，则操作失败  */
    QueuePtr p;
    p = Q.front->next;
    while(p)
    {
        vi(p->data);
        p = p->next;
    }
    printf("\n");
    return OK;
}
```

4.4.5　队列的简单应用

1. 题目要求

编程判断一个字符串是否是回文。回文是指一个字符序列以中间字符为基准两边字符完全相同，如字符序列 "ACBDEDBCA" 是回文。

2. 解决方案分析

判断一个字符序列是否是回文，就是把第一个字符与最后一个字符相比较，第二个字符与倒数第二个字符比较，依次类推，第 i 个字符与第 $n-i$ 个字符比较。如果每次比较都相等，则为回文；如果某次比较不相等，就不是回文。因此，可以把字符序列分别入队列和入栈，然后逐个出队列和出栈并比较出队列的字符与出栈的字符是否相等，若全部相等则该字符序列就是回文，否则就不是回文。

调用前面编制和关于队列与栈的操作函数，完成此小应用。可以分别采用链式队列与顺序队列，并尝试分析这两种方法的优缺点。

4.5　简单数据结构的应用

4.5.1　线性表的简单应用

1. 题目内容

编程实现一元多项式的加运算。

2. 题目实现的基本要求

(1) 输入的一元多项式可以采用只输入各项的系数与指数这种简化的方式。

(2) 遇到有消项时应当处理，如 2*x^2+6*x^5 与 3*x^2−6*x^5 进行相加时，结果为 5*x^2。

(3) 操作的结果放入一个新线性表中，原来的两个表达式存储表示不变，也可以不是产生新的线性表，而是将两个线性表合并为一个。

(4) 表达式如何存储表示？有多少种表示的可能？为什么选择这一种？能回答这些问题，并以两个表达式的存储示意图为例，说明在此结构下自己设计的程序能运算成功的算法思想。

3. 题目实现的功能扩展要求

可以在此基础上选择扩展部分或全部如下功能：

(1) 可以进行加、减、乘三种运算，用简易菜单进行选择。

(2) 操作结果不是产生新的线性表，而是将两个线性表合并为一个。

(3) 输入格式可以为 $2*x^2+6*x^5-3*x^9$ 或 $2x^2+6x^5-3x^9$，需要编制程序解析出系数与指数，并能说明自己解析的算法思想。

(4) 当给定 x 的值时，能计算机表达式的值。

(5) 要求程序功能模块划分合理(每个函数功能单一、可重用性好)，使用空间尽可能小，算法尽可能高效。

4.5.2　栈的简单应用

1. 题目内容

编程实现一个简易编辑器，如备忘录小软件。

2. 题目实现的功能要求

(1) 用户可以输入一段文字(而非仅一行文字)并保存，做一条备忘录；可以查看及修改和删除备忘录信息。这是对前面描述的"行编辑功能"的扩展。

(2) 以图形界面呈现一个简易编辑框，所有的操作在此编辑框内(约束字数限制)。有简易菜单可以选择进行创建及保存等功能。可以选择支持鼠标操作，也可以采用光标移动操作，选中一项时高亮，点击时执行该功能。

(3) 这样的备忘录有多条。在打开主界面时，用户可以浏览全部备忘录，可以选择某一条点击时进入编辑框，进行增、删、修操作。参照手机上的备忘录，自己进一步设计及丰富软件功能。

3. 题目实现的其它要求

(1) 要求能以图示的方式讲解清楚自己实现每一项功能采用的逻辑结构、存储结构及在此结构上实现的算法思想；说明为什么采用这样的结构，还可以采用什么结构，各自的优缺点是什么。

(2) 所设计的软件功能及操作流程应当合理，用户界面友好；各程序功能模块划分合理(每个函数功能单一、可重用性好)；使用空间尽可能少，算法尽可能高效。

4.5.3　队列的简单应用

1. 题目内容

编程实现离散事件模拟，如银行排队。

2. 题目实现的功能要求

(1) 程序模拟具有四个窗口进行排队办理业务的过程。客户从大厅大门进来后选择人数最少的窗口排队，如果最短的队列不止一条可以从左往右队列，也可以随机选择队列。排在队列头的人办理业务，办理完后出队，从大厅大门离开。从大厅进来的人按某一时段多少人随机出现，每客户办理业务的时长按不超过某一时段随机分配。

(2) 模拟具有图形界面。在界面中需标注出问题需要的几个关键信息：大厅大门、四个办事窗口及排队的客户。进大厅的客户在选择及走向排队窗口，与办完事离队时需用动画呈现。图形界面可以简单，比如一个方框代表一个窗口，一个圆圈代表一个客户。界面也可以很精美。

(3) 程序与界面进行很好的联动，程序中表示的信息通过界面演示出来。

(4) 完成其它辅助统计功能，比如一定时段一定办理了多少客户，每个窗口各自办理了多少位，每个人平均逗留的时间，每个窗口的平均办理时间等。

3. 题目实现的其它要求

(1) 该问题中涉及至少四个排队队列，四个队列如何组织管理对于编程解决该问题是高效的？对于客户进来、排队、办事、离队这样的事件在整个过程中很多，随机发生，应该如何设计结构表示？要求能回答这些问题，并用自己程序所采用的存储结构以示意图的方式说明，在此结构下自己程序能达到题目要求的算法思想。

(3) 程序功能模块划分合理(每个函数功能单一、可重用性好)，使用空间尽可能少，算法尽可能高效。

下 篇

数据结构与算法高级基础与实战

第 5 章　复杂数据结构的存储及基本操作

5.1　树及二叉树

树型结构是一种重要的非线性数据结构。其中，以树和二叉树最为常用，直观来看，树是以分支关系定义的层次结构。

树的定义：树是 n(n≥0)个结点的有限集。在任一非空树(n>0)中：

(1) 有且仅有一个称为根的结点；

(2) 其余结点可分为 m(m≥0)个互不相交的有限集 T1，T2，…，Tm，其中每个集合本身又是一棵树，并且称为根的子树。

5.1.1　二叉树的定义

二叉树(Binary Tree)是另一种树型结构，它的特点是每个结点至多只有两棵子树(即二叉树中不存在度大于 2 的结点)，并且二叉树的子树有左右之分，其左右子树次序不能任意颠倒。

5.1.2　二叉树的常见操作

1. InitBiTree(&T)

操作结果：构造空二叉树 T。

2. DestroyBiTree(&T)

初始条件：二叉树 T 存在。

操作结果：销毁二叉树 T。

3. CreateBiTree(&T, definition)

初始条件：definition 给出二叉树的定义。

操作结果：按 definition 构造二叉树 T。

4. ClearBiTree(&T)

初始条件：二叉树 T 存在。

操作结果：将树 T 清空为空树。

5. BiTreeEmpty(T)

初始条件：二叉树 T 存在。

操作结果：若 T 为空二叉树，则返回 TRUE，否则返回 FALSE。

6. BiTreeDepth(T)

初始条件：二叉树 T 存在。

操作结果：返回 T 的深度。

7. Root(BiTree T)

初始条件：二叉树 T 存在。

操作结果：返回 T 的根。

8. Value(BiTree p)

初始条件：二叉树 T 存在，p 指向 T 中某个结点。

操作结果：返回 p 所指结点的值。

9. Assign(T, &e, value)

初始条件：二叉树 T 存在，e 是 T 中某个结点。

操作结果：结点 e 赋值为 value。

10. Parent(T, e)

初始条件：二叉树 T 存在，e 是 T 中某个结点

操作结果：若 e 是 T 的非根结点，则返回它的双亲，否则返回"空"。

11. LeftChild(T, e)

初始条件：二叉树 T 存在，e 是 T 中某个结点。

操作结果：返回 e 的左孩子。若 e 无左孩子，则返回"空"。

12. RightChild(T, e)

初始条件：二叉树 T 存在，e 是 T 中某个结点。

操作结果：返回 e 的右孩子。若 e 无右孩子，则返回"空"。

13. LeftSibling(T, e)

初始条件：二叉树 T 存在，e 是 T 中某个结点。

操作结果：返回 e 的左兄弟。若 e 是 T 的左孩子或无左兄弟，则返回"空"。

14. RightSibling(T, e)

初始条件：二叉树 T 存在，e 是 T 中某个结点。

操作结果：返回 e 的右兄弟。若 e 是 T 的右孩子或无右兄弟，则返回"空"。

15. InsertChild(p, LR, c)

初始条件：二叉树 T 存在，p 指向 T 中某个结点，LR 为 0 或 1。非空二叉树 c 与 T 不相交且右子树为空。

操作结果：根据 LR 为 0 或 1，插入 c 为 T 中 p 所指结点的左或右子树。p 所指结点的原有左或右子树则成为 c 的右子树。

16. DeleteChild(p, LR)

初始条件：二叉树 T 存在，p 指向 T 中某个结点，LR 为 0 或 1。

操作结果：根据 LR 为 0 或 1，删除 T 中 p 所指结点的左或右子树。

17. PreOrderTraverse(T, Visit())

初始条件：二叉树 T 存在，Visit 是对结点操作的应用函数。

操作结果：先序递归遍历 T，对每个结点调用函数 Visit 一次且仅一次。一旦 visit()失败，则操作失败。

18. InOrderTraverse(T, Visit())

初始条件：二叉树 T 存在，Visit 是对结点操作的应用函数。

操作结果：中序递归遍历 T，对每个结点调用函数 Visit 一次且仅一次。一旦 visit()失败，则操作失败。

19. PostOrderTraverse(T, Visit())

初始条件：二叉树 T 存在，Visit 是对结点操作的应用函数。

操作结果：后序递归遍历 T，对每个结点调用函数 Visit 一次且仅一次。一旦 visit()失败，则操作失败。

20. LevelOrderTraverse(T, Visit())

初始条件：二叉树 T 存在，Visit 是对结点操作的应用函数。

操作结果：层序递归遍历 T，对每个结点调用函数 Visit 一次且仅一次。一旦 visit()失败，则操作失败。

5.1.3 二叉树的顺序存储及常见操作

一、二叉树的顺序存储思想

用一组连续的存储单元 Bt(1：n)存储二叉树的数据元素。按完全二叉树的规则对二叉树中的结点进行编号，相应的空位也编上号，将二叉树中编号为 i 的结点的数据元素存放在 Bt[i]中，若编号为 j 的结点为空，则 Bt[j] = 0。如图 5-1-2 即是图 5-1-1 所示二叉树的顺序存储结构。

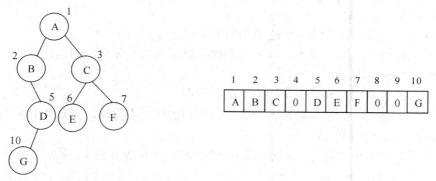

图 5-1-1 按完全二叉树的规则对结点进行编号   图 5-1-2 图 5-1-1 二叉树的顺序存储结构

二、二叉树的顺序存储结构表示

二叉树的顺序储存结构表示如下：

```
#define MAX_TREE_SIZE 100                    /* 二叉树的最大结点数*/
typedef TElemType SqBiTree[MAX_TREE_SIZE];   /*0 号单元存储根结点*/
typedef struct
{
```

```
    int level, order;    /*结点的层，本层序号(按满二叉树计算)*/
  }position;
```

三、二叉树各主要操作在顺序存储下的实现

1. InitBiTree(T)操作在顺序存储二叉树下的实现

```
Status InitBiTree(SqBiTree T)
{ /*构造空二叉树 T。因为 T 是固定数组，不会改变，故不需要& */
  int i;
  for(i = 0; i<MAX_TREE_SIZE; i++)
    T[i] = Nil;   /*初值为空*/
  return OK;
}
```

2. DestroyBiTree(&T)操作在顺序存储二叉树下的实现

```
void DestroyBiTree()
{ /*由于 SqBiTree 是定长类型，无法销毁*/}
```

3. ClearBiTree(&T)操作在顺序存储二叉树下的实现

```
#define ClearBiTree InitBiTree        /*在顺序存储结构中，两个函数完全一样*/
```

4. BiTreeEmpty(T)操作在顺序存储二叉树下的实现

```
Status BiTreeEmpty(SqBiTree T)
{ /*初始条件: 二叉树 T 存在*/
  /*操作结果: 若 T 为空二叉树，则返回 TRUE，否则返回 FALSE*/
  if(T[0] == Nil)   /*根结点为空，则树空*/
    return TRUE;
  else
    return FALSE;
}
```

5. BiTreeDepth(T)操作在顺序存储二叉树下的实现

```
int BiTreeDepth(SqBiTree T)
{ /* 初始条件：二叉树 T 存在。操作结果：返回 T 的深度*/
  int i, j = -1;
  for(i = MAX_TREE_SIZE-1; i> = 0; i--)    /*找到最后一个结点*/
    if(T[i] != Nil)
      break;
  i++;          /*为了便于计算*/
  do
```

```
            j++;
        while(i >= pow(2, j));
        return j;
    }
```

6. Root(BiTree T)操作在顺序存储二叉树下的实现

```
Status Root(SqBiTree T, TElemType *e)
    { /*初始条件: 二叉树 T 存在*/
     /*操作结果:  当 T 不空，用 e 返回 T 的根，返回 OK；否则返回 ERROR，e 无定义*/
      if(BiTreeEmpty(T))           /* T 空*/
        return ERROR;
      else
      {*e = T[0];
        return OK;
      }
    }
```

7. Value(BiTree p)操作在顺序存储二叉树下的实现

```
TElemType Value(SqBiTree T, position e)
    { /*初始条件：二叉树 T 存在，e 是 T 中某个结点(的位置)*/
     /*操作结果：返回处于位置 e(层，本层序号)的结点的值*/
      return T[(int)pow(2, e.level-1)+e.order-2];
    }
```

8. CreateBiTree(&T, definition)操作在顺序存储二叉树下的实现

```
Status CreateBiTree(SqBiTree T)
    { /*按层序次序输入二叉树中结点的值(字符型或整型)，构造顺序存储的二叉树 T*/
      int i = 0;
      #if CHAR
      int l;
      char s[MAX_TREE_SIZE];
      printf("请按层序输入结点的值(字符)，空格表示空结点，结点数≤%d:\n", MAX_TREE_SIZE);
      gets(s);          /*输入字符串*/
      l = strlen(s);    /*  求字符串的长度*/
      for(; i<l; i++)    /*  将字符串赋值给 T*/
      {
        T[i] = s[i];
        if(i != 0&&T[(i+1)/2-1] == Nil&&T[i] != Nil)        /*此结点(不空)无双亲且不是根*/
        {    printf("出现无双亲的非根结点%c\n", T[i]); exit(ERROR);
        }
```

```
        }
        for(i = l; i<MAX_TREE_SIZE; i++)        /*将空赋值给 T 的后面的结点*/
            T[i] = Nil;
    #else
        printf("请按层序输入结点的值(整型)，0 表示空结点，输 999 结束。结点数≤%d:\n",
MAX_TREE_SIZE);
        while(1)
        {
            scanf("%d", &T[i]);
            if(T[i] == 999)    break;
            if(i != 0&&T[(i+1)/2-1] == Nil&&T[i]!=Nil)      /*此结点(不空)无双亲且不是根*/
            {   printf("出现无双亲的非根结点%d\n", T[i]);    exit(ERROR);    }
            i++;
        }
        while(i < MAX_TREE_SIZE)
        {   T[i] = Nil;      /*将空赋值给 T 的后面的结点*/
            i++;
        }
    #endif
        return OK;
    }
```

9. Assign(T, &e, value)操作在顺序存储二叉树下的实现

```
Status Assign(SqBiTree T, position e, TElemType value)
    { /*初始条件：二叉树 T 存在，e 是 T 中某个结点(的位置)*/
     /*操作结果：给处于位置 e(层，本层序号)的结点赋新值 value*/
        int i = (int)pow(2, e.level-1)+e.order-2;       /*将层、本层序号转为矩阵的序号*/
        if(value! = Nil&&T[(i+1)/2-1] == Nil)        /*给叶子赋非空值但双亲为空*/
            return ERROR;
        else if(value == Nil&&(T[i*2+1] != Nil || T[i*2+2] != Nil))  /* 给双亲赋空值但有叶子(不空) */
            return ERROR;
        T[i] = value;    return OK;
    }
```

10. Parent(T, e)操作在顺序存储二叉树下的实现

```
TElemType Parent(SqBiTree T, TElemType e)
    { /*初始条件：二叉树 T 存在，e 是 T 中某个结点*/
     /*操作结果：若 e 是 T 的非根结点，则返回它的双亲，否则返回 "空" */
        int i;
```

```
    if(T[0] == Nil)    /*空树*/
    return Nil;
    for(i = 1; i <= MAX_TREE_SIZE-1; i++)
        if(T[i] == e)    /*找到 e*/
        return T[(i+1)/2-1];
    return Nil;    /*没找到 e*/}
```

11. LeftChild(T, e)操作在顺序存储二叉树下的实现

```
    TElemType LeftChild(SqBiTree T, TElemType e)
    {/*初始条件：二叉树 T 存在，e 是 T 中某个结点*/
     /*操作结果：返回 e 的左孩子。若 e 无左孩子，则返回"空"*/
     int i;
     if(T[0] == Nil)    /*空树*/
     return Nil;
     for(i = 0; i <= MAX_TREE_SIZE-1; i++)
        if(T[i] == e)    /*找到 e*/
        return T[i*2+1];
     return Nil;    /*没找到 e */
    }
```

12. RightChild(T, e)操作在顺序存储二叉树下的实现

```
    TElemType RightChild(SqBiTree T, TElemType e)
    {/*初始条件：二叉树 T 存在，e 是 T 中某个结点*/
     /*操作结果：返回 e 的右孩子。若 e 无右孩子，则返回"空"*/
     int i;
     if(T[0] == Nil)    /*空树*/
      return Nil;
     for(i = 0; i <= MAX_TREE_SIZE-1; i++)
        if(T[i] == e)    /*找到 e*/
          return T[i*2+2];
     return Nil;    /*没找到 e*/
    }
```

13. LeftSibling(T, e)操作在顺序存储二叉树下的实现

```
    TElemType LeftSibling(SqBiTree T, TElemType e)
    {/* 初始条件: 二叉树 T 存在，e 是 T 中某个结点*/
     /* 操作结果: 返回 e 的左兄弟。若 e 是 T 的左孩子或无左兄弟，则返回"空"*/
     int i;
     if(T[0] == Nil) /* 空树 */
        return Nil;
```

```
        for(i = 1; i <= MAX_TREE_SIZE-1; i++)
          if(T[i] == e&&i%2 == 0) /* 找到 e 且其序号为偶数(是右孩子) */
            return T[i-1];
        return Nil; /* 没找到 e */
      }
```

14. RightSibling(T, e)操作在顺序存储二叉树下的实现

```
    TElemType RightSibling(SqBiTree T, TElemType e)
    { /*初始条件：二叉树 T 存在，e 是 T 中某个结点*/
      /*操作结果：返回 e 的右兄弟。若 e 是 T 的右孩子或无右兄弟，则返回"空" */
      int i;
      if(T[0] == Nil) /*空树*/
        return Nil;
      for(i = 1; i <= MAX_TREE_SIZE-1; i++)
        if(T[i] == e&&i%2) /*找到 e 且其序号为奇数(是左孩子)*/
          return T[i+1];
      return Nil;    /*没找到 e*/
    }
```

15. InsertChild(p, LR, c)操作在顺序存储二叉树下的实现

```
    Status InsertChild(SqBiTree T, TElemType p, Status LR, SqBiTree c)
    { /*初始条件：二叉树 T 存在，p 是 T 中某个结点的值，LR 为 0 或 1，非空二叉树 c 与 T 不
           相交且右子树为空*/
      /*操作结果：根据 LR 为 0 或 1，插入 c 为 T 中 p 结点的左或右子树 p 结点的原有左或右子
           树则成为 c 的右子树*/
      int j, k, i = 0;
      for(j = 0; j<(int)pow(2, BiTreeDepth(T))-1;j++) /* 查找 p 的序号*/
        if(T[j] == p) /*j 为 p 的序号*/
          break;
      k = 2*j+1+LR;   /* k 为 p 的左或右孩子的序 */
      if(T[k] != Nil)   /* p 原来的左或右孩子不空*/
        Move(T, k, T, 2*k+2); /*把从 T 的 k 结点开始的子树移为从 k 结点的右子树开始的子树*/
      Move(c, i, T, k);   /*把从 c 的 i 结点开始的子树移为从 T 的 k 结点开始的子树*/
      return OK;
    }
    void Move(SqBiTree q, int j, SqBiTree T, int i) /* InsertChild()用到*/
    {/*把从 q 的 j 结点开始的子树移为从 T 的 i 结点开始的子树*/
      if(q[2*j+1] != Nil)   /*q 的左子树不空*/
        Move(q, (2*j+1), T, (2*i+1));   /*把 q 的 j 结点的左子树移为 T 的 i 结点的左子树*/
```

```
    if(q[2*j+2] != Nil)     /* q 的右子树不空 */
        Move(q, (2*j+2), T, (2*i+2));    /*把 q 的 j 结点的右子树移为 T 的 i 结点的右子树 */
    T[i] = q[j];     /*把 q 的 j 结点移为 T 的 i 结点*/
    q[j] = Nil;     /*把 q 的 j 结点置空*/
}
```

16. DeleteChild(p, LR)操作在顺序存储二叉树下的实现

```
Status DeleteChild(SqBiTree T, position p, int LR)
{ /*初始条件：二叉树 T 存在，p 指向 T 中某个结点，LR 为 1 或 0*/
  /*操作结果：根据 LR 为 1 或 0，删除 T 中 p 所指结点的左或右子树*/
    int i;
    Status k = OK;    /*队列不空的标志*/
    SqQueue q;
    InitQueue(&q);    /*初始化队列，用于存放待删的结点*/
    i = (int)pow(2, p.level-1)+p.order-2;    /*将层、本层序号转为矩阵的序号*/
    if(T[i] == Nil)    /*此结点空*/
        return ERROR;
    i = i*2+1+LR;    /*待删除子树的根结点在矩阵中的序号*/
    while(k)
    {   if(T[2*i+1] != Nil)   /*左结点不空*/
            EnQueue(&q, 2*i+1);   /*入队左结点的序号*/
        if(T[2*i+2] != Nil)   /*右结点不空*/
            EnQueue(&q, 2*i+2);   /*入队右结点的序号*/
        T[i] = Nil;   /*删除此结点*/
        k = DeQueue(&q, &i);   /*队列不空*/
    }
    return OK;
}
```

17. PreOrderTraverse(T, Visit())操作在顺序存储二叉树下的实现

```
Status PreOrderTraverse(SqBiTree T, Status(*Visit)(TElemType))
{ /*初始条件：二叉树存在，Visit 是对结点操作的应用函数*/
  /*操作结果：先序遍历 T，对每个结点调用函数 Visit 一次且仅一次*/
              一旦 Visit()失败，则操作失败*/
    VisitFunc = Visit;
    if(!BiTreeEmpty(T))   /*树不空*/
        PreTraverse(T, 0);
    printf("\n");
    return OK;
}
```

```
   Status(*VisitFunc)(TElemType);   /*函数变量*/
    void PreTraverse(SqBiTree T, int e)
    {   /*PreOrderTraverse()调用*/
      VisitFunc(T[e]);
      if(T[2*e+1] != Nil)   /*左子树不空*/
        PreTraverse(T, 2*e+1);
      if(T[2*e+2] != Nil)   /*右子树不空*/
        PreTraverse(T, 2*e+2);
    }
```

18. InOrderTraverse(T, Visit())操作在顺序存储二叉树下的实现

```
   Status InOrderTraverse(SqBiTree T, Status(*Visit)(TElemType))
    { /*初始条件：二叉树存在，Visit 是对结点操作的应用函数*/
     /*操作结果：中序遍历 T，对每个结点调用函数 Visit 一次且仅一次。
                   一旦 Visit()失败，则操作失败*/
     VisitFunc = Visit;
     if(!BiTreeEmpty(T))   /*树不空*/
       InTraverse(T, 0);
     printf("\n");
     return OK;
    }
```

```
   void InTraverse(SqBiTree T, int e)
    { /* InOrderTraverse()调用*/
      if(T[2*e+1] != Nil)   /*左子树不空*/
        InTraverse(T, 2*e+1);
      VisitFunc(T[e]);
      if(T[2*e+2] != Nil)   /*右子树不空*/
        InTraverse(T, 2*e+2);
    }
```

19. PostOrderTraverse(T, Visit())操作在顺序存储二叉树下的实现

```
   Status PostOrderTraverse(SqBiTree T, Status(*Visit)(TElemType))
    { /* 初始条件：二叉树 T 存在，Visit 是对结点操作的应用函数*/
     /* 操作结果：后序遍历 T，对每个结点调用函数 Visit 一次且仅一次。
                   一旦 Visit()失败，则操作失败*/
     VisitFunc = Visit;
     if(!BiTreeEmpty(T))    /*树不空*/
```

```
        PostTraverse(T, 0);
    printf("\n");
    return OK;
  }
```

```
  void PostTraverse(SqBiTree T, int e)
  { /* PostOrderTraverse()调用 */
    if(T[2*e+1] != Nil) /*左子树不空*/
      PostTraverse(T, 2*e+1);
    if(T[2*e+2] != Nil) /*右子树不空*/
      PostTraverse(T, 2*e+2);
    VisitFunc(T[e]);
  }
```

20. LevelOrderTraverse(T, Visit())操作在顺序存储二叉树下的实现

```
  void LevelOrderTraverse(SqBiTree T, Status(*Visit)(TElemType))
  { /*层序遍历二叉树*/
    int i=MAX_TREE_SIZE-1, j;
    while(T[i] == Nil)
      i--; /*找到最后一个非空结点的序号*/
    for(j=0; j<=i; j++)   /*从根结点起，按层序遍历二叉树*/
      if(T[j] != Nil)
        Visit(T[j]);   /*只遍历非空的结点*/
    printf("\n");
  }
```

```
  void Print(SqBiTree T)
  { /*逐层、按本层序号输出二叉树*/
    int j, k;
    position p;
    TElemType e;
    for(j=1; j<=BiTreeDepth(T); j++)
    {
      printf("第%d 层: ", j);
      for(k=1; k<=pow(2, j-1); k++)
      {
        p.level = j;
        p.order = k;
```

```
        e = Value(T, p);
        if(e != Nil)
            printf("%d:%d ", k, e);
    }
    printf("\n");
    }
}
```

5.1.4　二叉树的链式存储及基本操作

一、二叉树的链式存储思想

可以将二叉树中的结点包含一个数据元素和分别指向其左、右子树的两个分支(指针)，如图 5-1-3 所示。

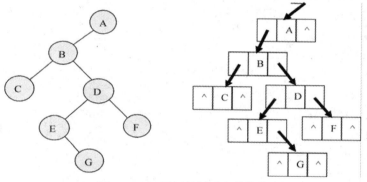

图 5-1-3　二叉树的链式存储结构

二、二叉树的链式存储定义

```
typedef struct BiTNode
  {  TElemType data;
     struct BiTNode *lchild, *rchild;     /*左右孩子指针*/
  }BiTNode, *BiTree;
```

三、二叉树链式存储的主要操作实现

1. InitBiTree(&T)操作在链式存储二叉树下的实现

```
Status InitBiTree(BiTree *T)
{ /*操作结果: 构造空二叉树 T*/
  *T = NULL;
  return OK;
}
```

2. DestroyBiTree(&T)操作在链式存储二叉树下的实现

```
void DestroyBiTree(BiTree *T)
{ /*初始条件：二叉树 T 存在。操作结果：销毁二叉树 T*/
    if(*T)   /*非空树*/
    {  if((*T)->lchild)    DestroyBiTree(&(*T)->lchild);  /*有左孩子则销毁左孩子子树*/
       if((*T)->rchild)    DestroyBiTree(&(*T)->rchild);  /*有右孩了则销毁右孩子子树*/
       free(*T);    *T = NULL；/*释放根结点，空指针赋 0 */
    }
}
```

3. CreateBiTree(&T)操作在链式存储二叉树下的实现

```
#define ClearBiTree DestroyBiTree
```

4. ClearBiTree(&T)操作在链式存储二叉树下的实现

```
void CreateBiTree(BiTree *T)
{    TElemType ch;
#ifdef CHAR
    scanf("%c", &ch);
  #endif
  #ifdef INT
    scanf("%d", &ch);
  #endif
  if(ch == Nil)    /*空*/
    *T = NULL;
  else
  { *T = (BiTree)malloc(sizeof(BiTNode));
    if(!*T)
      exit(OVERFLOW);
    (*T)->data = ch;   /*生成根结点*/
    CreateBiTree(&(*T)->lchild);   /*构造左子树*/
    CreateBiTree(&(*T)->rchild);   /*构造右子树*/
  }
}
```

5. BiTreeEmpty(T)操作在链式存储二叉树下的实现

```
Status BiTreeEmpty(BiTree T)
{ /*初始条件：二叉树 T 存在*/
  /*操作结果：若 T 为空二叉树，则返回 TRUE，否则返回 FALSE*/
  if(T)
    return FALSE;
```

```
    else
        return TRUE;
}
```

6. BiTreeDepth(T)操作在链式存储二叉树下的实现

```
int BiTreeDepth(BiTree T)
{ /*初始条件：二叉树 T 存在。操作结果：返回 T 的深度*/
    int i, j;
    if(!T)    return 0;
    if(T->lchild)    i = BiTreeDepth(T->lchild);
    else    i = 0;
    if(T->rchild)    j = BiTreeDepth(T->rchild);
    else    j = 0;
    return i>j?i+1:j+1;
}
```

7. Root(BiTree T)操作在链式存储二叉树下的实现

```
TElemType Root(BiTree T)
{    /*初始条件：二叉树 T 存在。操作结果：返回 T 的根*/
    if(BiTreeEmpty(T))
        return Nil;
    else
        return T->data;
}
```

8. Value(BiTree p)操作在链式存储二叉树下的实现

```
TElemType Value(BiTree p)
{ /*初始条件：二叉树 T 存在，p 指向 T 中某个结点*/
  /*操作结果：返回 p 所指结点的值*/
    return p->data;
}
```

9. Assign(T, &e, value)操作在链式存储二叉树下的实现

```
void Assign(BiTree p, TElemType value)
{ /*给 p 所指结点赋值为 value */
    p->data = value;
}
```

10. Parent(T, e)操作在链式存储二叉树下的实现

```
TElemType Parent(BiTree T, TElemType e)
{ /*初始条件：二叉树 T 存在，e 是 T 中某个结点*/
```

```
    /*操作结果：若 e 是 T 的非根结点，则返回它的双亲，否则返回"空"*/
    LinkQueue q;
    QElemType a;
    if(T)    /*非空树*/
    {   InitQueue(&q);   /*初始化队列*/
        EnQueue(&q, T);   /*树根入队*/
        while(!QueueEmpty(q))    /*队不空*/
        {   DeQueue(&q, &a);    /*出队，队列元素赋给 a*/
            if(a->lchild&&a->lchild->data == e || a->rchild&&a->rchild->data == e)
                return a->data;    /*找到 e(是其左或右孩子)返回 e 的双亲的值*/
            else /*没找到 e，则入队其左右孩子指针(如果非空)*/
            {   if(a->lchild)   EnQueue(&q, a->lchild);
                if(a->rchild)    EnQueue(&q, a->rchild);
            }
        }
    }
    return Nil;    /*树空或没找到 e*/
}
```

11. LeftChild(T, e)操作在链式存储二叉树下的实现

```
TElemType LeftChild(BiTree T, TElemType e)
{ /*初始条件：二叉树 T 存在，e 是 T 中某个结点*/
  /*操作结果：返回 e 的左孩子。若 e 无左孩子，则返回"空"*/
  BiTree a;
  if(T)   /*非空树*/
  {   a = Point(T, e);   /*a 是结点 e 的指针*/
      if(a&&a->lchild)   /* T 中存在结点 e 且 e 存在左孩子*/
          return a->lchild->data;   /*返回 e 的左孩子的值*/
  }
  Return Nil;   /*其余情况返回空*/
}
```

12. RightChild(T, e)操作在链式存储二叉树下的实现

```
TElemType RightChild(BiTree T, TElemType e)
{ /*初始条件：二叉树 T 存在，e 是 T 中某个结点*/
  /*操作结果：返回 e 的右孩子。若 e 无右孩子，则返回"空"*/
  BiTree a;
  if(T)   /*非空树*/
  {
```

```
        a = Point(T, e);   /*a 是结点 e 的指针*/
        if(a&&a->rchild)  /* T 中存在结点 e 且 e 存在右孩子*/
            return a->rchild->data;  /*返回 e 的右孩子的值*/
    }
    return Nil;   /*其余情况返回空*/
}
```

13. LeftSibling(T, e)操作在链式存储二叉树下的实现

```
TElemType LeftSibling(BiTree T, TElemType e)
{ /*初始条件：二叉树 T 存在，e 是 T 中某个结点*/
    /*操作结果：返回 e 的左兄弟。若 e 是 T 的左孩子或无左兄弟，则返回"空" */
    TElemType a;
    BiTree p;
    if(T)   /*非空树*/
    {
        a = Parent(T, e);   /* a 为 e 的双亲*/
        p = Point(T, a);   /* p 为指向结点 a 的指针*/
        if(p->lchild&&p->rchild&&p->rchild->dat a== e)   /*p 存在左右孩子且右孩子是 e */
            return p->lchild->data;   /*返回 p 的左孩子(e 的左兄弟)*/
    }
    return Nil;   /*树空或没找到 e 的左兄弟*/
}
```

14. RightSibling(T, e)操作在链式存储二叉树下的实现

```
TElemType RightSibling(BiTree T, TElemType e)
{ /*初始条件：二叉树 T 存在，e 是 T 中某个结点*/
    /*操作结果：返回 e 的右兄弟。若 e 是 T 的右孩子或无右兄弟，则返回"空" */
    TElemType a;
    BiTree p;
    if(T)   /*非空树*/
    {
        a = Parent(T, e);   /* a 为 e 的双亲*/
        p = Point(T, a);   /* p 为指向结点 a 的指针*/
        if(p->lchild&&p->rchild&&p->lchild->data == e)   /* p 存在左右孩子且左孩子是 e*/
            return p->rchild->data;   /* 返回 p 的右孩子(e 的右兄弟)*/
    }
    return Nil;   /*树空或没找到 e 的右兄弟*/
}
```

15. InsertChild(p, LR, c)操作在链式存储二叉树下的实现

```
Status InsertChild(BiTree p, int LR, BiTree c)   /*形参 T 无用*/
{ /*初始条件：二叉树 T 存在，p 指向 T 中某个结点，LR 为 0 或 1，非空二叉树 c 与 T 不相
         交且右子树为空*/
  /*操作结果：根据 LR 为 0 或 1，插入 c 为 T 中 p 所指结点的左或右子树，p 所指结点的
         原有左或右子树则成为 c 的右子树*/
  if(p)   /* p 不空*/
  {
    if(LR == 0)
    {
      c->rchild = p->lchild;
      p->lchild = c;
    }
    else   /* LR==1 */
    {
      c->rchild = p->rchild;
      p->rchild = c;
    }
    return OK;
  }
  return ERROR;   /* p 空*/
}
```

16. DeleteChild(p, LR)操作在链式存储二叉树下的实现

```
Status DeleteChild(BiTree p, int LR)   /*形参 T 无用*/
{ /*初始条件：二叉树 T 存在，p 指向 T 中某个结点，LR 为 0 或 1*/
  /*操作结果：根据 LR 为 0 或 1，删除 T 中 p 所指结点的左或右子树*/
  if(p)   /* p 不空*/
  {
    if(LR==0)        /*删除左子树*/
      ClearBiTree(&p->lchild);
    else             /*删除右子树*/
      ClearBiTree(&p->rchild);
    return OK;
  }
  return ERROR;   /* p 空*/
}
```

17. PreOrderTraverse(T, Visit())操作在链式存储二叉树下的实现

```
void PreOrderTraverse(BiTree T, Status(*Visit)(TElemType))
{ /*初始条件：二叉树 T 存在，isit 是对结点操作的应用函数*/
 /*操作结果：先序递归遍历 T，对每个结点调用函数 Visit 一次且仅一次 */
   if(T)  /* T 不空*/
   {  Visit(T->data);  /* 先访问根结点*/
      PreOrderTraverse(T->lchild, Visit);  /*再先序遍历左子树*/
      PreOrderTraverse(T->rchild, Visit);  /*最后先序遍历右子树*/
   }
 }
```

18. InOrderTraverse(T, Visit())操作在链式存储二叉树下的实现(三种方法)

```
void InOrderTraverse(BiTree T, Status(*Visit)(TElemType))
  { /*初始条件：二叉树 T 存在，Visit 是对结点操作的应用函数*/
   /*操作结果：中序递归遍历 T，对每个结点调用函数 Visit 一次且仅一次*/
   if(T)
   {  InOrderTraverse(T->lchild, Visit);  /*先中序遍历左子树*/
      Visit(T->data);  /*再访问根结点*/
      InOrderTraverse(T->rchild, Visit);  /*最后中序遍历右子树*/
   }
  }
Status InOrderTraverse1(BiTree T, Status(*Visit)(TElemType))
 { /*采用二叉链表存储结构，Visit 是对数据元素操作的应用函数*/
  /*中序遍历二叉树 T 的非递归算法(利用栈)，对每个数据元素调用函数 Visit*/
   SqStack S;
   InitStack(&S);
   while(T || !StackEmpty(S))
   {
     if(T)  /*根指针进栈，遍历左子树*/
     {  Push(&S, T);
        T = T->lchild;
     }
     else  /*根指针退栈，访问根结点，遍历右子树*/
     { Pop(&S, &T);
       if(!Visit(T->data))
          return ERROR;
       T = T->rchild;
     }
   }
```

```
        printf("\n");
        return OK;
    }
```

```
    Status InOrderTraverse2(BiTree T, Status(*Visit)(TElemType))
    { /*采用二叉链表存储结构，Visit 是对数据元素操作的应用函数*/
     /*中序遍历二叉树 T 的非递归算法(利用栈)，对每个数据元素调用函数 Visit*/
     SqStack S;
     BiTree p;
     InitStack(&S);
     Push(&S, T);    /*根指针进栈*/
     while(!StackEmpty(S))
     {
        while(GetTop(S, &p)&&p)
          Push(&S, p->lchild);    /*向左走到尽头*/
        Pop(&S, &p);    /*空指针退栈*/
        if(!StackEmpty(S))
        { /*  访问结点，向右一步  */
          Pop(&S, &p);
          if(!Visit(p->data))
             return ERROR;
          Push(&S, p->rchild);
        }
     }
     printf("\n");
     return OK;
    }
```

19. PostOrderTraverse(T, Visit())操作在链式存储二叉树下的实现

```
    void PostOrderTraverse(BiTree T, Status(*Visit)(TElemType))
    { /*初始条件：二叉树 T 存在，Visit 是对结点操作的应用函数*/
     /*操作结果：后序递归遍历 T，对每个结点调用函数 Visit 一次且仅一次*/
     if(T)    /*T 不空*/
     {
        PostOrderTraverse(T->lchild, Visit);    /*先后序遍历左子树*/
        PostOrderTraverse(T->rchild, Visit);    /*再后序遍历右子树*/
        Visit(T->data);    /*最后访问根结点*/
     }
    }
```

20. LevelOrderTraverse(T, Visit())操作在链式存储二叉树下的实现

```
void LevelOrderTraverse(BiTree T, Status(*Visit)(TElemType))
{ /*初始条件：二叉树 T 存在，Visit 是对结点操作的应用函数*/
  /*操作结果：层序递归遍历 T(利用队列)，对每个结点调用函数 Visit 一次且仅一次*/
  LinkQueue q;
  QElemType a;
  if(T)
  {
    InitQueue(&q);
    EnQueue(&q, T);
    while(!QueueEmpty(q))
    {
      DeQueue(&q, &a);
      Visit(a->data);
      if(a->lchild != NULL)
        EnQueue(&q, a->lchild);
      if(a->rchild != NULL)
        EnQueue(&q, a->rchild);
    }
    printf("\n");
  }
}
```

5.1.5　二叉树的简单应用

1. 题目内容

实现前、中、后序、层序遍历的递归与非递归算法(共八个算法)，要求用菜单整合成一个完整的系统，用动画演示遍历过程。

2. 题目实现的基本要求

(1) 存储可以只针对链式存储。

(2) 将所有算法整合成一个完整的系统，由菜单选择各个算法。界面设计美观，操作合理。

(3) 要求动画演示每种算法的遍历过程，方式可以为：首先呈现一棵结点数较多的普通二叉树，每遍历一个结点时该结点变色，并复制该结点落在下方，按遍历顺序排列成一个线性表。

(4) 上述参考方法中没有提及的算法必须完成。

3. 题目实现的功能扩展要求

可进一步实现顺序存储二叉树的前、中、后、层序遍历算法。

4. 完成该题目的前提

已掌握并实现线性表、栈、队列、二叉树的基本操作。

5.2　图

5.2.1　图的定义

图是一种比线性表和树更为复杂的数据结构。图中任意两个数据元素之间都可能关联。

5.2.2　图的常见操作

1. CreateGraph(&G, v, vR)

初始条件：v 是图 G 的顶点，vR 是图中弧的集合。

操作结果：按 v 和 vR 的定义构造图。

2. DestroyGraph(&G)

初始条件：图 G 存在。

操作结果：销毁图 G。

3. LocateVex(G, u)

初始条件：图 G 存在，u 和 G 中顶点有相同特征。

操作结果：若 G 中存在顶点 u，则返回该顶点在图中位置；否则返回-1。

4. GetVex(G, v)

初始条件：图 G 存在，v 是 G 中某个顶点的序号。

操作结果：返回 v 的值。

5. PutVex(&G, v, value)

初始条件：图 G 存在，v 是 G 中某个顶点。

操作结果：对 v 赋新值 value。

6. FirstAdjVex(G, v)

初始条件：图 G 存在，v 是 G 中某个顶点。

操作结果：返回 v 的第一个邻接顶点的序号。若顶点在 G 中没有邻接顶点，则返回-1。

7. NextAdjVex(G, v, w)

初始条件：图 G 存在，v 是 G 中某个顶点，w 是 v 的邻接顶点。

操作结果：返回 v 的(相对于 w 的)下一个邻接顶点的序号，若 w 是 v 的最后一个邻接顶点，则返回-1。

8. InsertVex(&G, v)

初始条件：图 G 存在，v 和图 G 中顶点有相同特征。

操作结果：在图 G 中增添新顶点 v。

9. DeleteVex(&G, v)

初始条件：图 G 存在，v 是 G 中某个顶点。

操作结果：删除 G 中顶点 v 及其相关的弧。

10. InsertArc(&G, v, w)

初始条件：图 G 存在，v 和 w 是 G 中两个顶点。

操作结果：在 G 中增添弧<v, w>，若 G 是无向的，则还需增添对称弧<w, v>。

11. DeleteArc(&G, v, w)

初始条件：图 G 存在，v 和 w 是 G 中两个顶点。

操作结果：在 G 中删除弧<v, w>，若 G 是无向的，则还需删除对称弧<w, v>。

12. DFSTraverse(G, Visit( ))

初始条件：图 G 存在，Visit 是顶点的应用函数。

操作结果：从第 1 个顶点起，深度优先遍历图 G，并对每个顶点调用函数 Visit 一次且仅一次。一旦 Visit()失败，则操作失败。

13. BFSTraverse(G, Visit( ))

初始条件：图 G 存在，Visit 是顶点的应用函数。

操作结果：从第 1 个顶点起，按广度优先非递归遍历图 G，并对每个顶点调用函数 Visit 一次且仅一次。一旦 Visit()失败，则操作失败。

5.2.3　图的顺序存储及基本操作

一、图的顺序存储——邻接矩阵

参照图 5-2-1 及图 5-2-2 所示有向图与无向图的邻接矩阵，分析其顺序存储规则。

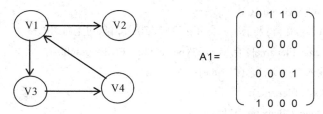

图 5-2-1　有向图的邻接矩阵

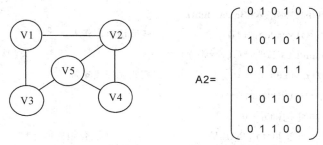

图 5-2-2　无向图的邻接矩阵

二、图的数组(邻接矩阵)存储表示

图的数组(邻接矩阵)存储表示如下：

```
#define INFINITY INT_MAX                    /*用整型最大值代替∞*/
#define MAX_VERTEX_NUM 20                    /*最大顶点个数*/
typedef enum{DG, DN, AG, AN}GraphKind;       /*{有向图，有向网，无向图，无向网}*/
typedef struct
{
  VRType adj;              /*顶点关系类型。对无权图，用 1(是)或 0(否)表示相邻否；
                          对带权图，则 c 为权值类型*/
  InfoType *info;                          /*该弧相关信息的指针(可无)*/
}ArcCell, AdjMatrix[MAX_VERTEX_NUM][MAX_VERTEX_NUM];
typedef struct
{
  VertexType vexs[MAX_VERTEX_NUM];         /*  顶点向量  */
  AdjMatrix arcs;                          /*邻接矩阵*/
  int vexnum, arcnum;                      /*图的当前顶点数和弧数*/
  GraphKind kind;                          /*图的种类标志*/
}MGraph;
```

三、图的各主要操作在顺序存储下的实现

1. CreateGraph(&G, V, VR)操作在顺序存储(邻接矩阵)下的实现

```
Status CreateFAG(MGraph *G)
 { /*采用数组(邻接矩阵)表示法，文件构造没有相关信息的无向图 G*/
  int i, j, k;   char filename[13]; VertexType va, vb;   FILE *graphlist;
  printf("请输入数据文件名(f7-1.dat)： ");
    scanf("%s", filename);
  graphlist = fopen(filename, "r");
    fscanf(graphlist, "%d", &(*G).vexnum);
  fscanf(graphlist, "%d", &(*G).arcnum);
  for(i = 0; i<(*G).vexnum; ++i)            /*构造顶点向量*/
    fscanf(graphlist, "%s", (*G).vexs[i]);
  for(i=0; i<(*G).vexnum; ++i)             /*初始化邻接矩阵*/
    for(j=0; j<(*G).vexnum; ++j)
  {   (*G).arcs[i][j].adj = 0;
      (*G).arcs[i][j].info = NULL;          /*没有相关信息*/
        }
        for(k=0; k<(*G).arcnum; ++k)
        {   fscanf(graphlist, "%s%s", va, vb);
          i = LocateVex(*G, va);   j = LocateVex(*G, vb);
```

```
            (*G).arcs[i][j].adj=(*G).arcs[j][i].adj=1;   /*无向图*/
        }
        fclose(graphlist);   (*G).kind=AG;
    return OK;
    }
```

```
Status CreateDG(MGraph *G)
{ /*采用数组(邻接矩阵)表示法，构造有向图 G*/
    int i, j, k, l, IncInfo;
    char s[MAX_INFO], *info;
    VertexType va, vb;
    printf("请输入有向图 G 的顶点数、弧数，是否含其它信息(是:1，否:0): ");
    scanf("%d, %d, %d", &(*G).vexnum, &(*G).arcnum, &IncInfo);
    printf("请输入%d 个顶点的值(<%d 个字符):\n", (*G).vexnum, MAX_NAME);
    for(i=0; i<(*G).vexnum; ++i)   /*构造顶点向量*/
        scanf("%s", (*G).vexs[i]);
    for(i=0; i<(*G).vexnum; ++i)   /*初始化邻接矩阵*/
        for(j=0; j<(*G).vexnum; ++j)
        {
            (*G).arcs[i][j].adj=0;   /*图*/
            (*G).arcs[i][j].info=NULL;
        }
    printf("请输入%d 条弧的弧尾  弧头(以空格作为间隔): \n", (*G).arcnum);
    for(k=0; k<(*G).arcnum; ++k)
    {
        scanf("%s%s%*c", va, vb);   /* %*c 吃掉回车符  */
        i = LocateVex(*G, va);
        j = LocateVex(*G, vb);
        (*G).arcs[i][j].adj = 1; /*有向图*/
        if(IncInfo)
        {
            printf("请输入该弧的相关信息(<%d 个字符): ", MAX_INFO);
            gets(s);
            l = strlen(s);
            if(l)
            {   info = (char*)malloc((l+1)*sizeof(char));
                strcpy(info, s);
                (*G).arcs[i][j].info = info;   /*有向*/
```

```
        }
      }
    }
    (*G).kind = DG;
    return OK;
}
```

2. DestroyGraph(&G)操作在顺序存储(邻接矩阵)下的实现

```
void DestroyGraph(MGraph *G)
{ /*初始条件：图 G 存在*/
  /*操作结果：销毁图 G*/
  int i, j;
  if((*G).kind<2)    /*有向*/
    for(i=0; i<(*G).vexnum; i++)   /*释放弧的相关信息(如果有的话)*/
    {
      for(j=0; j<(*G).vexnum; j++)
        if((*G).arcs[i][j].adj == 1&&(*G).kind == 0 || (*G).arcs[i][j].adj !=
INFINITY&&(*G).kind == 1)
                                /*有向图的弧或有向网的弧*/
          if((*G).arcs[i][j].info) /*有相关信息*/
          {
            free((*G).arcs[i][j].info);
            (*G).arcs[i][j].info = NULL;
          }
    }
  Else    /*无向*/
    for(i=0; i<(*G).vexnum; i++)   /*释放边的相关信息(如果有的话)*/
      for(j=i+1; j<(*G).vexnum; j++)
        if((*G).arcs[i][j].adj==1&&(*G).kind==2 || (*G).arcs[i][j].adj!=INFINITY&&(*G).kind==3)
                        /*无向图的边或无向网的边*/
          if((*G).arcs[i][j].info)  /*有相关信息*/
          {
            free((*G).arcs[i][j].info);
            (*G).arcs[i][j].info = (*G).arcs[j][i].info = NULL;
          }
  (*G).vexnum = 0;
  (*G).arcnum = 0;
}
```

3. LacateVex(G, u)操作在顺序存储(邻接矩阵)下的实现

```
int LocateVex(MGraph G, VertexType u)
  { /*初始条件:图 G 存在，u 和 G 中顶点有相同特征*/
    /*操作结果:若 G 中存在顶点 u，则返回该顶点在图中位置；否则返回 −1*/
    int i;
    for(i=0; i<G.vexnum; ++i)
      if(strcmp(u, G.vexs[i])==0)
        return i;
    return −1;
  }
```

4. GetVex(G, v)操作在顺序存储(邻接矩阵)下的实现

```
VertexType* GetVex(MGraph G, int v)
  { /*初始条件：图 G 存在，v 是 G 中某个顶点的序号*/
    /*操作结果：返回 v 的值*/
    if(v>=G.vexnum || v<0)
      exit(ERROR);
    return &G.vexs[v];
  }
```

5. PutVex(&G, v, value)操作在顺序存储(邻接矩阵)下的实现

```
Status PutVex(MGraph *G, VertexType v, VertexType value)
  { /*初始条件：图 G 存在，v 是 G 中某个顶点*/
    /*操作结果：对 v 赋新值 value*/
    int k;
    k = LocateVex(*G, v);   /* k 为顶点 v 在图 G 中的序号*/
    if(k<0)
      return ERROR;
    strcpy((*G).vexs[k], value);
    return OK;
  }
```

6. FirstAdjVex(G, v)操作在顺序存储(邻接矩阵)下的实现

```
int FirstAdjVex(MGraph G, VertexType v)
  { /*初始条件：图 G 存在，v 是 G 中某个顶点*/
    /*操作结果：返回 v 的第一个邻接顶点的序号。若顶点在 G 中没有邻接顶点，则返回 −1*/
int i, j = 0, k;
    k = LocateVex(G, v);   /* k 为顶点 v 在图 G 中的序号*/
```

```
        if(G.kind==DN || G.kind==AN)   /*网*/
            j = INFINITY;
        for(i=0; i<G.vexnum; i++)
            if(G.arcs[k][i].adj != j)
                return i;
        return −1;
    }
```

7. NextAdjVex(G, v, w)操作在顺序存储(邻接矩阵)下的实现

```
    int NextAdjVex(MGraph G, VertexType v, VertexType w)
    { /*初始条件：图 G 存在，v 是 G 中某个顶点，w 是 v 的邻接顶点*/
      /*操作结果：返回 v 的(相对于 w 的)下一个邻接顶点的序号；
                    若 w 是 v 的最后一个邻接顶点，则返回-1*/
      int i, j=0, k1, k2;
      k1=LocateVex(G, v);    /* k1 为顶点 v 在图 G 中的序号*/
      k2=LocateVex(G, w);    /* k2 为顶点 w 在图 G 中的序号*/
      if(G.kind==DN || G.kind==AN) /* 网 */
          j=INFINITY;
      for(i=k2+1; i<G.vexnum; i++)
          if(G.arcs[k1][i].adj!=j)
              return i;
      return −1;
    }
```

8. InsertVex(&G, v)操作在顺序存储(邻接矩阵)下的实现

```
    void InsertVex(MGraph *G, VertexType v)
    { /*初始条件：图 G 存在，v 和图 G 中顶点有相同特征*/
      /*操作结果：在图 G 中增添新顶点 v(不增添与顶点相关的弧，留待 InsertArc()去做)*/
      int i;
      strcpy((*G).vexs[(*G).vexnum], v);    /*构造新顶点向量*/
      for(i=0; i<=(*G).vexnum; i++)
      {
          if((*G).kind%2) /* 网 */
          {
              (*G).arcs[(*G).vexnum][i].adj = INFINITY;   /*初始化该行邻接矩阵的值(无边或弧)*/
              (*G).arcs[i][(*G).vexnum].adj = INFINITY;   /*初始化该列邻接矩阵的值(无边或弧)*/
          }
          else /* 图 */
          {
```

```
        (*G).arcs[(*G).vexnum][i].adj = 0;   /*初始化该行邻接矩阵的值(无边或弧)*/
        (*G).arcs[i][(*G).vexnum].adj = 0;   /*初始化该列邻接矩阵的值(无边或弧)*/
      }
      (*G).arcs[(*G).vexnum][i].info = NULL;   /*初始化相关信息指针*/
      (*G).arcs[i][(*G).vexnum].info = NULL;
    }
    (*G).vexnum += 1; /*  图 G 的顶点数加 1 */
  }
```

9. DeleteVex(&G, v)操作在顺序存储(邻接矩阵)下的实现

```
Status DeleteVex(Mgraph *G, VertexType v)
{ /*初始条件：图 G 存在，v 是 G 中某个顶点*/
 /*操作结果：删除 G 中顶点 v 及其相关的弧*/
   int I, j, k;
   VRType m = 0;
   k = LocateVex(*G, v);   /* k 为待删除顶点 v 的序号*/
   if(k<0)     /* v 不是图 G 的顶点*/
     return ERROR;
   if((*G).kind == DN || (*G).kind == AN)   /*网*/
     m = INFINITY;
   for(j=0; j<(*G).vexnum; j++)
     if((*G).arcs[j][k].adj!=m)   /*有入弧或边*/
     {
       if((*G).arcs[j][k].info)   /*有相关信息*/
         free((*G).arcs[j][k].info);   /*释放相关信息*/
       (*G).arcnum--;   /*修改弧数*/
     }
   if((*G).kind==DG || (*G).kind==DN)   /*有向*/
     for(j=0; j<(*G).vexnum; j++)
       if((*G).arcs[k][j].adj!=m)   /*有出弧*/
       {
         if((*G).arcs[k][j].info)   /*有相关信息*/
           free((*G).arcs[k][j].info);   /*释放相关信息*/
         (*G).arcnum--;   /*修改弧数*/
       }
   for(j=k+1; j<(*G).vexnum; j++)   /*序号 k 后面的顶点向量依次前移*/
     strcpy((*G).vexs[j-1], (*G).vexs[j]);
   for(i=0; i<(*G).vexnum; i++)
```

```
    for(j=k+1; j<(*G).vexnum; j++)
        (*G).arcs[i][j-1]=(*G).arcs[i][j];    /*移动待删除顶点之后的矩阵元素*/
    for(i=0; i<(*G).vexnum; i++)
        for(j=k+1; j<(*G).vexnum; j++)
            (*G).arcs[j-1][i]=(*G).arcs[j][i];    /*移动待删除顶点之下的矩阵元素*/
    (*G).vexnum--;    /*更新图的顶点数*/
    return OK;
}
```

10. InsertArc(&G, v, w)操作在顺序存储(邻接矩阵)下的实现

```
Status InsertArc(Mgraph *G, VertexType v, VertexType w)
{ /*初始条件：图 G 存在，v 和 w 是 G 中两个顶点*/
  /*操作结果：在 G 中增添弧<v, w>，若 G 是无向的，则还需增添对称弧<w, v>*/
    int I, l, v1, w1;
    char *info, s[MAX_INFO];
    v1 = LocateVex(*G, v);    /*尾*/
    w1 = LocateVex(*G, w);    /*头*/
    if(v1<0 || w1<0)
        return ERROR;
    (*G).arcnum++;    /*弧或边数加 1*/
    if((*G).kind%2)    /*网*/
    {
        printf("请输入此弧或边的权值: ");
        scanf("%d", &(*G).arcs[v1][w1].adj);
    }
    else    /*图*/
        (*G).arcs[v1][w1].adj = 1;
    printf("是否有该弧或边的相关信息(0:无  1:有): ");
    scanf("%d%*c", &i);
    if(i)
    {
        printf("请输入该弧或边的相关信息(<%d 个字符): ", MAX_INFO);
        gets(s);
        l = strlen(s);
        if(l)
        {
            info = (char*)malloc((l+1)*sizeof(char));
            strcpy(info, s);
```

```
            (*G).arcs[v1][w1].info = info;
        }
    }
    if((*G).kind>1)    /*无向*/
    {
        (*G).arcs[w1][v1].adj = (*G).arcs[v1][w1].adj;
        (*G).arcs[w1][v1].info = (*G).arcs[v1][w1].info;    /*指向同一个相关信息*/
    }
    return OK;
}
```

11. DeleteArc(&G, v, w)操作在顺序存储(邻接矩阵)下的实现

```
Status DeleteArc(Mgraph *G, VertexType v, VertexType w)
{ /*初始条件：图 G 存在，v 和 w 是 G 中两个顶点*/
 /*操作结果：在 G 中删除弧<v, w>，若 G 是无向的，则还需删除对称弧<w, v>*/
    int v1, w1;
    v1 = LocateVex(*G, v);    /*尾*/
    w1 = LocateVex(*G, w);    /*头*/
    if(v1<0 || w1<0)    /* v1、w1 的值不合法*/
        return ERROR;
    if((*G).kind%2 == 0)    /*图*/
        (*G).arcs[v1][w1].adj = 0;
    else    /*网*/
        (*G).arcs[v1][w1].adj = INFINITY;
    if((*G).arcs[v1][w1].info)    /*有其它信息*/
    {
        free((*G).arcs[v1][w1].info);
        (*G).arcs[v1][w1].info = NULL;
    }
    if((*G).kind>=2)    /*无向，删除对称弧<w, v> */
    {
        (*G).arcs[w1][v1].adj = (*G).arcs[v1][w1].adj;
        (*G).arcs[w1][v1].info = NULL;
    }
    (*G).arcnum--;
    return OK;
}
```

12. DFSTraverse(G, Visit( ))操作在顺序存储(邻接矩阵)下的实现

```
Boolean visited[MAX_VERTEX_NUM];   /*访问标志数组(全局量)*/
Status(*VisitFunc)(VertexType);   /*函数变量*/
```

```
void DFS(MGraph G, int v)
{ /*从第 v 个顶点出发递归地深度优先遍历图 G*/
  VertexType w1, v1;
  int w;
  visited[v] = TRUE;   /*设置访问标志为 TRUE(已访问) */
  VisitFunc(G.vexs[v]);   /*访问第 v 个顶点*/
  strcpy(v1, *GetVex(G, v));
  for(w=FirstAdjVex(G, v1); w>=0; w=NextAdjVex(G, v1, strcpy(w1, *GetVex(G, w))))
    if(!visited[w])
      DFS(G, w);   /*对 v 的尚未访问的序号为 w 的邻接顶点递归调用 DFS */
}
```

```
void DFSTraverse(MGraph G, Status(*Visit)(VertexType))
{ /*初始条件：图 G 存在，Visit 是顶点的应用函数*/
  /*操作结果：从第 1 个顶点起，深度优先遍历图 G，并对每个顶点调用函数 Visit 一次且仅
              一次。一旦 Visit()失败，则操作失败*/
  int v;
  VisitFunc = Visit;   /*使用全局变量 VisitFunc，使 DFS 不必设函数指针参数*/
  for(v=0; v<G.vexnum; v++)
    visited[v] = FALSE;   /*访问标志数组初始化(未被访问) */
  for(v=0; v<G.vexnum; v++)
    if(!visited[v])
      DFS(G, v);   /*对尚未访问的顶点调用 DFS */
  printf("\n");
}
```

13. BFSTraverse(G, Visit( ))操作在顺序存储(邻接矩阵)下的实现

```
void BFSTraverse(MGraph G, Status(*Visit)(VertexType))
{ /*初始条件：图 G 存在，Visit 是顶点的应用函数*/
  /*操作结果：从第 1 个顶点起，按广度优先非递归遍历图 G，并对每个顶点调用函数*/
              Visit 一次且仅一次。一旦 Visit()失败，则操作失败。使用辅助队列 Q 和
              访问标志数组 visited */
  int v, u, w;
  VertexType w1, u1;
```

```
        LinkQueue Q;
        for(v=0; v<G.vexnum; v++)
            visited[v] = FALSE;    /*置初值*/
        InitQueue(&Q);  /*置空的辅助队列 Q */
        for(v=0; v<G.vexnum; v++)
            if(!visited[v])   /* v 尚未访问*/
            {
                visited[v] = TRUE;   /*设置访问标志为 TRUE(已访问) */
                Visit(G.vexs[v]);
                EnQueue(&Q, v);    /* v 入队列*/
                while(!QueueEmpty(Q))   /*队列不空*/
                {
                    DeQueue(&Q, &u);   /*队头元素出队并置为 u */
                    strcpy(u1, *GetVex(G, u));
                    for(w = FirstAdjVex(G, u1); w>=0; w=NextAdjVex(G, u1, strcpy(w1, *GetVex(G, w))))
                        if(!visited[w])   /* w 为 u 的尚未访问的邻接顶点的序号*/
                        {   visited[w] = TRUE;
                            Visit(G.vexs[w]);
                            EnQueue(&Q, w);
                        }
                }
            }
        printf("\n");
    }
```

5.2.4　图的链式存储及基本操作

一、图的链式存储

参照图 5-2-3 及图 5-2-4 所示无向图与有向图的邻接表，分析其链式存储规则。

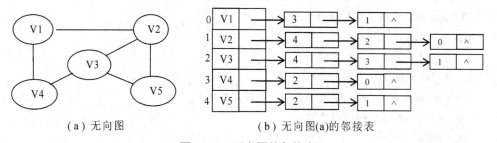

（a）无向图　　　　　　　　（b）无向图(a)的邻接表

图 5-2-3　无向图的邻接表

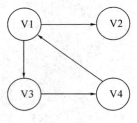

（a）有向图

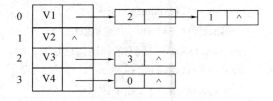

（b）有向图(a)的邻接表

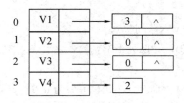

（c）有向图(a)的逆邻接表

图 5-2-4　有向图的邻接表与逆邻接表

二、图的链式存储的基本操作

```
/*图的邻接表存储表示*/
#define MAX_VERTEX_NUM 20
typedef enum{DG, DN, AG, AN}GraphKind;    /*{有向图，有向网，无向图，无向网}*/
typedef struct ArcNode
{
    int adjvex;    /*该弧所指向的顶点的位置*/
    struct ArcNode *nextarc;    /*指向下一条弧的指针*/
    InfoType *info;    /*网的权值指针)*/
}ArcNode;    /*表结点*/
typedef struct
{
    VertexType data;    /*顶点信息*/
    ArcNode *firstarc;    /*第一个表结点的地址，指向第一条依附该顶点的弧的指针*/
}VNode, AdjList[MAX_VERTEX_NUM];    /*头结点*/
typedef struct
{
    AdjList vertices;
    int vexnum, arcnum;    /*图的当前顶点数和弧数*/
    int kind;    /*图的种类标志*/
}ALGraph;
```

1．DestroyGraph(&G)操作在链式存储(邻接表)下的实现

```
void DestroyGraph(ALGraph *G)
{ /*初始条件：图 G 存在。操作结果::销毁图 G */
    int i;
    ArcNode *p, *q;
    (*G).vexnum = 0;
    (*G).arcnum = 0;
    for(i=0; i<(*G).vexnum; ++i)
    {
      p = (*G).vertices[i].firstarc;
      while(p)
      {
        q = p->nextarc;
        if((*G).kind%2)   /*网*/
          free(p->info);
        free(p);
        p = q;
      }
    }
}
```

2．CreateGraph(&G, V, VR)操作在链式存储(邻接表)下的实现

```
Status CreateGraph(ALGraph *G)
{ /*采用邻接表存储结构，构造没有相关信息的图 G(用一个函数构造 4 种图) */
    int i, j, k;   int w;   /*权值*/
    VertexType va, vb;      ArcNode *p;
    printf("请输入图的类型(有向图: 0, 有向网: 1, 无向图: 2, 无向网: 3): ");
    scanf("%d",&(*G).kind);
    printf("请输入图的顶点数, 边数: ");
    scanf("%d, %d", &(*G).vexnum, &(*G).arcnum);
    printf("请输入%d 个顶点的值(<%d 个字符):\n", (*G).vexnum,MAX_NAME);
    for(i=0; i<(*G).vexnum; ++i)   /*构造顶点向量*/
    {   scanf("%s", (*G).vertices[i].data);   (*G).vertices[i].firstarc=NULL;
    }
    if((*G).kind==1 || (*G).kind==3)   /*网*/
      printf("请顺序输入每条弧(边)的权值、弧尾和弧头(以空格作为间隔):\n");
    else   /*图*/
      printf("请顺序输入每条弧(边)的弧尾和弧头(以空格作为间隔):\n");
    for(k=0; k<(*G).arcnum; ++k)   /*构造表结点链表*/
```

```
{   if((*G).kind==1 || (*G).kind==3) /* 网 */
      scanf("%d%s%s", &w, va, vb);
   else    /*图*/
      scanf("%s%s", va, vb);
   i = LocateVex(*G, va);   /*弧尾*/   j = LocateVex(*G, vb);   /*弧头*/
   p = (ArcNode*)malloc(sizeof(ArcNode));
   p->adjvex = j;
   if((*G).kind==1 || (*G).kind==3)   /*网*/
   {   p->info = (int *)malloc(sizeof(int)); *(p->info) = w;        }
   else
      p->info = NULL;   /*图*/
   p->nextarc = (*G).vertices[i].firstarc;   /*插在表头*/
   (*G).vertices[i].firstarc = p;
   if((*G).kind >= 2)   /*无向图或网，产生第二个表结点*/
   {   p = (ArcNode*)malloc(sizeof(ArcNode)); p->adjvex = i;
      if((*G).kind == 3)   /*无向网*/
      {   p->info = (int*)malloc(sizeof(int)); *(p->info) = w; }
      else
         p->info = NULL;   /*无向图*/
      p->nextarc = (*G).vertices[j].firstarc;   /*插在表头*/
      (*G).vertices[j].firstarc = p;
   }
} return OK; }
```

3. LocateVex(G, u)操作在链式存储(邻接表)下的实现

```
int LocateVex(ALGraph G, VertexType u)
 { /*初始条件：图 G 存在，u 和 G 中顶点有相同特征*/
  /*操作结果：若 G 中存在顶点 u，则返回该顶点在图中位置；否则返回−1*/
   int i;
   for(i=0; i<G.vexnum; ++i)
     if(strcmp(u, G.vertices[i].data)==0)
        return i;
   return −1;
 }
```

4. GetVex(G, v)操作在链式存储(邻接表)下的实现

```
VertexType* GetVex(ALGraph G, int v)
 { /*初始条件：图 G 存在, v 是 G 中某个顶点的序号*/
  /*操作结果：返回 v 的值*/
```

```
        if(v>=G.vexnum || v<0)
           exit(ERROR);
        return &G.vertices[v].data;

      }
```

5. PutVex(&G, v, value)操作在链式存储(邻接表)下的实现

```
    Status PutVex(ALGraph *G, VertexType v, VertexType value)
     { /*初始条件：图 G 存在，v 是 G 中某个顶点*/
       /*操作结果：对 v 赋新值 value*/
       int i;
       i = LocateVex(*G, v);
       if(i>-1)    /* v 是 G 的顶点*/
       {
         strcpy((*G).vertices[i].data, value);
         return OK;
       }
       return ERROR;

     }
```

6. InsertVex(&G, v)操作在链式存储(邻接表)下的实现

```
    void InsertVex(ALGraph *G, VertexType v)
     { /*初始条件：图 G 存在，v 和图中顶点有相同特征*/
       /*操作结果：在图 G 中增添新顶点 v(不增添与顶点相关的弧，留待 InsertArc()去做)*/
       strcpy((*G).vertices[(*G).vexnum].data, v);    /*  构造新顶点向量 */
       (*G).vertices[(*G).vexnum].firstarc = NULL;
       (*G).vexnum++;   /*图 G 的顶点数加 1 */

     }
```

7. FirstAdjVex(G, v)操作在链式存储(邻接表)下的实现

```
    int FirstAdjVex(ALGraph G, VertexType v)
     { /*初始条件：图 G 存在，v 是 G 中某个顶点*/
       /*操作结果：返回 v 的第一个邻接顶点的序号。若顶点在 G 中没有邻接顶点，则返回−1*/
       ArcNode *p;    int v1;
       v1 = LocateVex(G, v);   /* v1 为顶点 v 在图 G 中的序号*/
       p = G.vertices[v1].firstarc;
       if(p)
          return p->adjvex;
       else
          return −1;

     }
```

8. NextAdjVex(G, v, w)操作在链式存储(邻接表)下的实现

```
int NextAdjVex(ALGraph G, VertexType v, VertexType w)
  { /*初始条件：图 G 存在，v 是 G 中某个顶点，w 是 v 的邻接顶点*/
   /*操作结果：返回 v 的(相对于 w 的)下一个邻接顶点的序号
       若 w 是 v 的最后一个邻接点，则返回-1*/
   ArcNode *p;   int v1, w1;
   v1 = LocateVex(G, v);   /* v1 为顶点 v 在图 G 中的序号*/
   w1 = LocateVex(G, w);   /* w1 为顶点 w 在图 G 中的序号*/
   p = G.vertices[v1].firstarc;
   while(p&&p->adjvex != w1)   /* 指针 p 不空且所指表结点不是 w */
     p = p->nextarc;
   if(!p || !p->nextarc)   /*没找到 w 或 w 是最后一个邻接点*/
     return -1;
   else /* p->adjvex==w */
     return p->nextarc->adjvex;   /*返回 v 的(相对于 w 的)下一个邻接顶点的序号*/
  }
```

9. InsertArc(&G, v, w)操作在链式存储(邻接表)下的实现

```
Status InsertArc(ALGraph *G, VertexType v, VertexType w)
  { /*初始条件: 图 G 存在，v 和 w 是 G 中两个顶点*/
   /*操作结果: 在 G 中增添弧<v, w>，若 G 是无向的，则还需增添对称弧<w, v> */
   ArcNode *p;   int w1, i, j;
   i = LocateVex(*G, v);/*弧尾或边的序号 */
   j = LocateVex(*G, w); /*弧头或边的序号*/
   if(i<0 || j<0)
     return ERROR;
   (*G).arcnum++;   /*图 G 的弧或边的数目加 1 */
   if((*G).kind%2)   /*网*/
   {   printf("请输入弧(边)%s→%s 的权值: ", v, w);   scanf("%d", &w1); }
   p = (ArcNode*)malloc(sizeof(ArcNode));
   p->adjvex = j;
   if((*G).kind%2)   /*网*/
   {   p->info = (int*)malloc(sizeof(int));   *(p->info) = w1; }
   else
     p->info = NULL;
   p->nextarc = (*G).vertices[i].firstarc;   /*插在表头*/
   (*G).vertices[i].firstarc = p;
   if((*G).kind >= 2)   /*无向，生成另一个表结点*/
   {   p = (ArcNode*)malloc(sizeof(ArcNode));
```

```
            p->adjvex = i;
            if((*G).kind == 3)    /*无向网*/
            {   p->info = (int*)malloc(sizeof(int));   *(p->info) = w1;   }
            else
               p->info = NULL;
            p->nextarc = (*G).vertices[j].firstarc;    /*插在表头*/
            (*G).vertices[j].firstarc = p;
        }
        return OK;
    }
```

10. DeleteVex(&G, v)操作在链式存储(邻接表)下的实现

```
    Status DeleteVex(ALGraph *G, VertexType v)
    { /*初始条件：图 G 存在，v 是 G 中某个顶点*/
      /*操作结果：删除 G 中顶点 v 及其相关的弧*/
      int i, j;    ArcNode *p, *q;
      j = LocateVex(*G, v);    /* j 是顶点 v 的序号*/
      if(j<0)    /* v 不是图 G 的顶点*/
         return ERROR;
      p = (*G).vertices[j].firstarc;    /*  删除以 v 为出度的弧或边*/
      while(p)
      {   q = p;    p = p->nex tarc;
         if((*G).kind%2)    /*网*/
            free(q->info);
         free(q);    (*G).arcnum--;    /*弧或边数减 1 */
      }
      (*G).vexnum--;    /*顶点数减 1 */
      for(i=j; i<(*G).vexnum; i++)    /*顶点 v 后面的顶点前移*/
         (*G).vertices[i] = (*G).vertices[i+1];
      for(i=0; i<(*G).vexnum; i++)    /*删除以 v 为入度的弧或边且必要时修改表结点的顶点值*/
      {p=(*G).vertices[i].firstarc;    /*指向第 1 条弧或边*/
         while(p)    /*有弧*/
         {   if(p->adjvex==j)
            {   if(p==(*G).vertices[i].firstarc)    /*待删结点是第 1 个结点*/
               {   (*G).vertices[i].firstarc = p->nextarc;
                  if((*G).kind%2)    /*网*/
                     free(p->info);
                  free(p);    p = (*G).vertices[i].firstarc; (*G).arcnum--;    /*弧或边数减 1*/
               }
```

```
                else   {   q->nextarc = p->nextarc;
                        if((*G).kind%2)   /*网*/
                            free(p->info);
                    free(p);    p = q->nextarc;
                    if((*G).kind<2)   /*有向*/
                            (*G).arcnum--;   /*弧或边数减1*/
                    }
                }
            else
            {   if(p->adjvex>j)
                p->adjvex--;   /*修改表结点的顶点位置值(序号)*/
              q = p;    p = p->nextarc;
            }
        }
    }
  return OK;
    }
```

11. DeleteArc(&G, v, w)操作在链式存储(邻接表)下的实现

```
Status DeleteArc(ALGraph *G, VertexType v, VertexType w)
 {/*初始条件：图 G 存在，v 和 w 是 G 中两个顶点*/
  /*操作结果：在 G 中删除弧<v, w>，若 G 是无向的，则还需删除对称弧<w, v> */
  ArcNode *p, *q;    int i, j;
  i = LocateVex(*G, v);   /* i 是顶点 v(弧尾)的序号*/
  j = LocateVex(*G, w);   /* j 是顶点 w(弧头)的序号*/
  if(i<0 || j<0 || i==j)
     return ERROR;
  p = (*G).vertices[i].firstarc;   /* p 指向顶点 v 的第一条弧*/
  while(p&&p->adjvex != j)   /* p 不空且所指之弧不是待删除的弧<v, w> */
  {   /* p 指向下一条弧*/
    q = p;
    p = p->nextarc;
  }
  if(p&&p->adjvex==j) /*找到弧<v, w> */
  { if(p==(*G).vertices[i].firstarc)   /* p 所指是第 1 条弧*/
      (*G).vertices[i].firstarc = p->nextarc;   /*指向下一条弧*/
    else
      q->nextarc = p->nextarc;   /*指向下一条弧*/
    if((*G).kind%2)   /*网*/
```

```
            free(p->info);
         free(p);   /*释放此结点*/
         (*G).arcnum--; /*弧或边数减 1 */
      }
      if((*G).kind >= 2)   /*无向, 删除对称弧<w, v> */
      {
         p = (*G).vertices[j].firstarc;   /*p 指向顶点 v 的第一条弧*/
         while(p&&p->adjvex != i)   /* p 不空且所指之弧不是待删除的弧<w, v> */
         {   /* p 指向下一条弧*/
            q = p;
            p = p->nextarc;
         }
         if(p&&p->adjvex == i)   /* 找到弧<w, v> */
         {
            if(p == (*G).vertices[j].firstarc)   /* p 所指是第 1 条弧*/
               (*G).vertices[j].firstarc = p->nextarc; /*指向下一条弧*/
            else
               q->nextarc = p->nextarc;   /*指向下一条弧*/
            if((*G).kind == 3)   /*无向网*/
               free(p->info);
            free(p);   /*释放此结点*/
         }
      }
   }
   return OK;
}
```

12. DFSTraverse(G, Visit( ))操作在链式存储(邻接表)下的实现

```
Boolean visited[MAX_VERTEX_NUM];    /*访问标志数组(全局量)*/
 void(*VisitFunc)(char* v);   /*函数变量(全局量)*/

void DFS(ALGraph G, int v)
 { /*从第 v 个顶点出发递归地深度优先遍历图 G*/
   int w;
   VertexType v1, w1;
   strcpy(v1, *GetVex(G, v));
   visited[v] = TRUE; /*设置访问标志为 TRUE(已访问) */
   VisitFunc(G.vertices[v].data); /* 访问第 v 个顶点 */
   for(w=FirstAdjVex(G, v1); w>=0; w=NextAdjVex(G, v1, strcpy(w1, *GetVex(G, w))))
      if(!visited[w])
```

```
        DFS(G, w);   /*对 v 的尚未访问的邻接点 w 递归调用 DFS */
    }
```

```
    void DFSTraverse(ALGraph G, void(*Visit)(char*))
    { /*对图 G 作深度优先遍历*/
      int v;
      VisitFunc = Visit;   /*使用全局变量 VisitFunc, 使 DFS 不必设函数指针参数*/
      for(v=0; v<G.vexnum; v++)
        visited[v] = FALSE;   /*访问标志数组初始化*/
      for(v=0; v<G.vexnum; v++)
        if(!visited[v])
          DFS(G, v);   /*对尚未访问的顶点调用 DFS */
      printf("\n");
    }
```

13. BFSTraverse(G, Visit( ))操作在链式存储(邻接表)下的实现

```
    void BFSTraverse(ALGraph G, void(*Visit)(char*))
    {/*按广度优先非递归遍历图 G。使用辅助队列 Q 和访问标志数组 visited*/
      int v, u, w;
      VertexType u1, w1;
      LinkQueue Q;
      for(v=0; v<G.vexnum; ++v)
        visited[v] = FALSE;   /*置初值*/
      InitQueue(&Q);   /*置空的辅助队列 Q */
      for(v=0; v<G.vexnum; v++)   /*如果是连通图, 只要 v=0 就表示遍历全图*/
        if(!visited[v])   /* v 尚未访问*/
        {
          visited[v] = TRUE;
          Visit(G.vertices[v].data);
          EnQueue(&Q, v);   /* v 入队列*/
          while(!QueueEmpty(Q))   /*队列不空*/
          {
            DeQueue(&Q, &u);   /*队头元素出队并置为 u */
            strcpy(u1, *GetVex(G, u));
            for(w=FirstAdjVex(G, u1); w>=0; w=NextAdjVex(G, u1, strcpy(w1, *GetVex(G, w))))
              if(!visited[w])   /* w 为 u 的尚未访问的邻接顶点*/
              {
                visited[w] = TRUE;
                Visit(G.vertices[w].data);
```

```
                EnQueue(&Q, w);    /* w 入队*/
            }
          }
        }
      printf("\n");
    }
```

5.2.5　图的简单应用

1. 题目内容

分别采用邻接矩阵与邻接表实现深度优先与广度优先遍历图算法，要求用菜单整合成一个系统，用动画演示遍历过程。

2. 题目实现的基本要求

(1) 采用邻接矩阵存储实现深度优先遍历无向图算法，邻接表存储实现广度优先遍历无向图算法。

(2) 将所有算法整合成一个完整的系统，用菜单选择各种算法。要求界面设计美观，操作合理。

(3) 要求动画演示每种算法的遍历过程，方式可以为：首先呈现一个结点数较多的无向图，每遍历一个结点时该结点变色，并复制该结点落在下方，按遍历顺序排列成一个线性表。

3. 题目实现的功能扩展要求

(1) 实现采用邻接矩阵存储的广度优先遍历图算法和邻接表存储的深度优先遍历图算法。

(2) 实现针对有向图的遍历算法。

4. 完成该题目的前提

已掌握并实现线性表、栈、队列和二叉树的基本操作。

第6章　数据结构的高级应用

6.1　线性表的高级应用

6.1.1　排序方法的实现与比较

1. 题目基本内容

(1) 实现各简单排序算法，如直接插入、起泡排序、简单选择排序等。

(2) 实现高效(或者有一定复杂度)的排序算法，如希尔排序、快速排序、堆排序、归并排序、链式排序等。

2. 题目实现的基本要求

(1) 将所有排序算法做成一个完整的系统，有菜单可供选择。菜单分为两大类：功能与性能比较。系统里根据每一部分演示目的，设计并初始化一组数据。

(2) 功能菜单项里要求通过子菜单方式列出所实现的各排序算法名称，选择子菜单可运行相关排序算法。运行过程为：针对系统内已初始化的一组数据显示每一步排序的中间结果。

(3) 性能比较菜单项是对所完成的所有排序方法在各类情形数据下进行性能对比实验，如对数据规模量小或大、有序或无序、升序或降序等各种情形下不同排序算法在占用空间量及耗时情况方面进行结果呈现。要求每种情形设计一个子菜单，并对实验结果进行解释及说明原因。

(4) 关于每种方法的特点及适合什么情形需得出明确的结论。

(5) 界面设计美观，操作合理。

3. 题目实现的功能扩展要求

(1) 对一般简单排序方法扩展出其它相关排序方法，如插入排序中的折半插入排序、2-路插入排序和表插入排序。

(2) 简单选择中扩展实现树形选择排序。

(3) 对于所选择的排序算法可以考虑用多种方法实现，如快速排序采用递归与非递归两种方法实现。

4. 完成该题目的前提

掌握并实现线性表的基本操作。

6.1.2　静态查找法的实现与比较

1. 题目基本内容

(1) 实现简单的查找方法：顺序表的查找和有序表的(折半)查找。

(2) 实现有一定复杂程度的查找方法：索引顺序表的查找和静态树表的查找。

2. 题目实现的基本要求

(1) 将所有查找算法做成一个完整的系统，有菜单可供选择。菜单分为两大类：功能与性能比较。系统需根据每一部分演示的目的，设计并初始化一组数据。

(2) 功能菜单项里要求通过子菜单方式列出所实现的各查找算法名称，选择子菜单可以运行相关查找算法。运行过程为：针对系统内已初始化的一组数据显示查找结果，同时显示查找次数(或者查找耗时)。

(3) 性能比较菜单项要求对所完成所有的查找方法在各类情形数据下进行性能对比实验，如数据规模量小或大、有序或无序、升序或降序、有和没有等情形下不同查找方法的占用空间量及耗时情况。要求每种情形设计一个子菜单，并对实验结果进行解释及说明原因。

(4) 将每种方法的特点及适合什么情形得出明确结论。

(5) 界面设计美观，操作合理。

3. 题目实现的功能扩展要求

(1) 对索引表的查找采用折半查找。

(2) 对于索引顺序表的查找，针对大规模数据情形下索引表的设计并非一级，而是二级或者更多级别。

(3) 对于索引顺序表的查找，可以增加对数据的分析部分，并自动规划更为合理的索引级别和索引表长度。

4. 完成该题目的前提

已掌握并实现线性表的基本操作。

6.1.3　哈希函数构造及处理冲突的方法

1. 题目基本内容

(1) 实现六个常用的哈希函数的构造方法：直接定址法、数字分析法、平方取中法、折叠法、除留取余法和随机数法。

(2) 实现四个常用的哈希查找中解决冲突的方法：开放定址法、再哈希法、链地址法和建立一个公共溢出区法。

2. 题目实现的基本要求

(1) 将所有上述算法做成一个完整的系统，有菜单可供选择。采用一个构造函数配一个解决冲突的方法，作为一个菜单项，合理搭配使六个哈希函数与四个解决冲突的方法均使用到。

(2) 界面设计美观，操作合理。

(3) 系统需根据每一部分演示的目的，设计并初始化一组数据。

3. 题目实现的功能扩展要求

(1) 开放地址法要求用线性探测再散列、二次探测再散列和伪随机序列三种方法分别实现。

(2) 公共溢出区解决冲突可以分别使用顺序存储与链式存储来实现。

(3) 给出进行查找性能分析的实验方案。

4. 完成该题目的前提

已掌握并实现线性表的基本操作。

6.2　栈的高级应用

6.2.1　迷宫找路的实现

1. 题目基本内容

有明确可行的算法动态生成迷宫，保证有唯一的入口和出口，入口到出口必有通路；图形界面显示出在此迷宫上的寻路过程。

2. 题目实现的基本要求

(1) 主要考虑利用栈实现。

(2) 每次启动时生成的迷宫不一样。

(3) 显示出该迷宫的所有路径。用图形界面显示寻路的过程和结果。

(4) 将所有上述功能做成一个完整的系统，有菜单可供选择。要求界面设计美观，操作合理。

3. 题目实现的功能扩展要求

(1) 可以手动生成迷宫。

(2) 可以自己设计新的规则，比如某些位子如果出现某种障碍物，则可以打通墙等。

(3) 加入更多自己的创意。

4. 完成该题目的前提

已掌握并实现线性表、栈的基本操作。

6.2.2　简易备忘录的实现

1. 题目基本内容

(1) 做一个"备忘录"小软件，要求主要内容包括：在设定的界面范围内，可以增加并编辑一个个备忘条目；可以修改和删除各条目；条目太多时可以翻页。(可参照手机上的APP)

(2) 用图形界面显示出所有内容。

2. 题目实现的基本要求

(1) 主要利用栈实现行编辑功能并适当扩展。

(2) 将所有功能整合成一个可用的整体。要求界面设计美观，操作合理。

3. 题目实现的功能扩展要求

(1) 加入更多合理性的创意，以丰富软件功能。

(2) 可以支持使用鼠标。

4. 完成该题目的前提

已掌握并实现线性表、栈的基本操作。

6.2.3 计算器的实现

1. 题目基本内容

(1) 实现一个"计算器"小软件，界面与功能完全模拟 Windows 计算器。

(2) 必须完成有括号的表达式运算功能。

2. 题目实现的基本要求

(1) 主要利用栈实现表达式求值。

(2) 将所有功能整合成一个可用的整体。要求界面设计美观，操作合理。

3. 题目实现的功能扩展要求

(1) 计算功能可以进一步扩展，比如加入各种进制之间的转换。

(2) 括号可以包括"()"、"[ ]"、"{ }"等多种。

(3) 可支持使用鼠标。

(4) 加入更多合理性的创意，以丰富软件功能。

4. 完成该题目的前提

已掌握并实现线性表、栈的基本操作。

6.3 二叉树的高级应用

6.3.1 二叉树的构造及遍历算法的实现

1. 题目内容

实现前、中、后序遍历的递归与非递归算法(共六个算法)，要求用菜单整合成一个完整的系统，用动画演示遍历过程。

2. 题目实现的基本要求

(1) 存储可以只针对链式存储。

(2) 将所有算法整合成一个完整的系统，由菜单选择各个算法。要求界面设计美观，操作合理。

(3) 要求动画演示每种算法的遍历过程，方式可以为：首先呈现一棵结点数较多的普通二叉树，每遍历一个结点时该结点变色，并复制该结点落在下方且按遍历顺序排列成一个线性表。

3. 题目实现的功能扩展要求

可进一步实现层次遍历的递归与非递归算法。

4. 完成该题目的前提

已掌握并实现线性表、栈、队列的基本操作。

6.3.2 线索二叉树的构造及遍历算法的实现

1. 题目内容

实现前序、中序和后序线索二叉树的构造及遍历算法，要求用菜单整合成一个完整的系统，用动画演示遍历过程。

2. 题目实现的基本要求

(1) 存储可以只针对链式存储。

(2) 将所有算法整合成一个完整的系统，由菜单选择各个算法。要求界面设计美观，操作合理。

(3) 要求动画演示每种算法的遍历过程，方式可以为：首先呈现一棵结点数较多的普通二叉树，每遍历一个结点时该结点变色，并复制该结点落在下方，按遍历顺序排列成一个线性表。

3. 题目实现的功能扩展要求

(1) 与对应的非线索二叉树的遍历算法进行性能比较。

(2) 可进一步实现层序线索二叉树的构造及遍历算法。

4. 完成该题目前提

已掌握并实现线性表、栈、队列的基本操作。

6.3.3　哈夫曼编码、解码算法的实现

1. 题目内容

给出一段西文文本内容的哈夫曼编码方案及编码结果，将编码结果进行译码还原。

2. 题目实现的基本要求

(1) 可针对一段输入的西文文本进行哈夫曼编码。

(2) 可针对一个已存在的文本文件进行哈夫曼编码。

(3) 将所有算法整合成一个完整的系统，由菜单选择各种算法。

(4) 界面设计美观，操作合理，显示内容清晰。

3. 题目实现的功能扩展要求

(1) 编码要求正向与逆向两种方式。

(2) 解码的设计与实现采用多(两)种方案。

4. 完成该题目的前提

已掌握并实现线性表、栈、队列的基本操作。

6.3.4　树的遍历与计数算法的实现

1. 题目内容

实现普通树的构造及遍历、计数算法，要求用菜单整合成一个系统，用动画演示遍历过程。

2. 题目实现的基本要求

(1) 采用一种存储方式即可。

(2) 将所有算法整合成一个完整的系统，由菜单选择各个算法。要求界面设计美观，操作合理。

(3) 要求动画演示算法的遍历过程，方式可以为：首先呈现一棵结点数较多的普通树，每遍历一个结点时该结点变色，并复制该结点落在下方，按遍历顺序排列成一个线性表，

最后显示总的结点个数。

3. 题目实现的功能扩展要求

(1) 存储方式可以考虑至少两种方案，并进行性能比较。

(2) 遍历算法可以考虑至少两种方法，并进行性能比较。

4. 完成该题目的前提

已掌握并实现线性表、栈、队列的基本操作。

6.3.5 二叉排序树动态查找算法的实现

1. 题目内容

实现二叉排序树动态查找算法，要求用菜单整合成一个完整的系统，用动画演示二叉排序树动态查找过程。

2. 题目实现的基本要求

(1) 系统具有插入与删除两类功能。插入功能：针对一组固定的数字序列，实现查找及动态生成二叉排序；删除功能：输入一个数字在二叉排序树上进行查找，如果有，则删除。

(2) 将所有功能整合成一个完整的系统，由菜单选择各个功能。要求界面设计美观，操作合理。

(3) 用动画方式演示算法过程，方式可以为：每加入一个结点时用变色方式显示查找过程；当查找到叶子结点为无时，则插入该结点；删除一个结点时显示删除后的二叉排序树结果。

3. 题目实现的功能扩展要求

(1) 二叉排序树的结点删除至少采用两种方案。

(2) 针对该问题背景，存储设计可以考虑多种方案并进行性能比较。

4. 完成该题目的前提

已掌握并实现线性表、栈、队列的基本操作。

6.3.6 二叉平衡树动态查找算法的实现

1. 题目内容

实现二叉平衡树动态查找算法，要求用菜单整合成一个完整的系统，用动画演示二叉排序树动态查找及平衡过程。

2. 题目实现的基本要求

(1) 整体具有插入与删除两类功能。插入功能：针对一组固定的数字序列，实现查找及动态生成二叉排序树，同时判断平衡性，当不平衡时动态调整平衡；删除功能：输入一个数字在二叉排序树上进行查找，如果有则删除，同时判断平衡性，当不平衡时动态调整平衡。

(2) 将所有功能整合成一个完整的系统，由菜单选择各个功能。要求界面设计美观，操作合理。

(3) 用动画方式演示算法过程，方式可以为：输入要插入(或删除)的点，用变色的方式在二叉平衡树上显示查找过程，显示插入(或删除)后的结果、显示平衡后的结果。

3. 题目实现的功能扩展要求

(1) 不仅显示平衡后的结果，还要将平衡的过程进行动态演示。

(2) 针对该问题背景存储设计可以考虑多种方案，并进行性能比较。

4. 完成该题目的前提

已掌握并实现线性表、栈、队列、二叉树的基本操作。

6.3.7　B+ 树动态查找算法的实现

1. 题目内容

实现 B+ 树动态查找算法，要求用菜单整合成一个完整的系统，用动画演示 B+树动态查找过程。

2. 题目实现的基本要求

(1) 整体具有插入与删除两类功能。插入功能：针对一组固定的数字序列，实现查找，如果没有找到则插入，插入后如果不符合 B+ 树规则则动态调整为 B+ 树。删除功能：输入一个数字在 B+ 树上进行查找，如果有则删除，删除后如果不符合 B+ 树规则则动态调整为 B+ 树。

(2) 将所有功能整合成一个完整的系统，由菜单选择各个功能。要求界面设计美观，操作合理。

(3) 用动画方式演示算法过程，方式可以为：输入要插入(或删除)的点，用变色的方式在 B+ 树上显示查找过程，显示插入(或删除)后的最终结果。

3. 题目实现的功能扩展要求

(1) 不仅显示结果，还要将调整为 B+ 树的过程进行动态演示。

(2) 针对该问题背景存储设计可以考虑多种方案，并进行性能比较。

4. 完成该题目的前提

已掌握并实现线性表、栈、队列、二叉树的基本操作。

6.3.8　B– 树动态查找算法的实现

1. 题目内容

实现 B– 树动态查找算法，要求用菜单整合成一个完整的系统，用动画演示 B– 树动态查找过程。

2. 题目实现的基本要求

(1) 整体具有插入与删除两类功能。插入功能：针对一组固定的数字序列，实现查找，如果没有找到则插入，插入后如果不符合 B– 树规则则动态调整为 B– 树。删除功能：输入一个数字在 B– 树上进行查找，如果有则删除，删除后如果不符合 B– 树规则则动态调整为 B– 树。

(2) 将所有功能整合成一个完整的系统，由菜单选择各个功能。要求界面设计美观，操作合理。

(3) 用动画方式演示算法过程，方式可以为：输入要插入(或删除)的点，用变色的方式在 B– 树上显示查找过程，显示插入(或删除)后的最终结果。

3. 题目实现的功能扩展要求

(1) 不仅显示结果，还要将调整为 B– 树的过程进行动态演示。

(2) 针对该问题背景存储设计可以考虑多种方案，并进行性能比较。

4. 完成该题目的前提

已掌握并实现线性表、栈、队列、二叉树的基本操作。

6.3.9　键树动态查找算法的实现

1. 题目内容

针对一篇较长的西文文本，实现对出现的单词采用键树动态查找功能。要求所有功能整合成一个完整的系统，用动画演示键树动态查找过程。

2. 题目实现的基本要求

(1) 实现键树生成及查找功能。针对文本中的一个个单词实现键树查找，如果没有找到则插入键树中。

(2) 将所有功能整合成一个完整的系统，由菜单选择各个功能。要求界面设计美观，操作合理。

(3) 用动画方式演示算法过程，方式可以为：针对一个要查找的单词，用变色的方式在键树上显示查找过程，显示查找后的最终结果。

3. 题目实现的功能扩展要求

(1) 不仅显示查找或生成结果，键树的调整过程同时进行动态演示。

(2) 针对该问题背景存储设计可以考虑多种方案，并进行性能比较。

4. 完成该题目的前提

已掌握并实现线性表、栈、队列、二叉树的基本操作。

6.4　图的高级应用

6.4.1　图的连通性判断

1. 题目内容

给定各种情形的图，判断其连通性。要求所有功能整合成一个完整的系统，用动画演示连通性判断过程及结果。

2. 题目实现的基本要求

(1) 呈现一个结点数较多的固定无向图，以任意点为起始点开始判断该图是否连通；采用广度优先与深度优先两种方式判断。

(2) 至少针对连通与不连通两种情形，由菜单进行选择。将所有功能整合成一个完整的系统，要求界面设计美观，操作合理。

(3) 用动画方式演示判断过程，方式可以为：以任意点为起始点，用变为另一色的方式在图上显示连通部分，显示全为一色表明是否连通。

3．题目实现的功能扩展要求

(1) 存储设计可以考虑链式与顺序两种方案，并进行性能比较。

(2) 完成针对有向图的连通性判断。

4．完成该题目的前提

已掌握并实现线性表、栈、队列、二叉树的基本操作。

6.4.2　用普理姆算法求最小生成树

1．题目内容

给定一个连通的、边有权值的无向网，用普理姆算法求其最小生成树。要求所有功能整合成一个完整的系统，用动画演示用该算法求最小生成树的过程与结果。

2．题目实现的基本要求

(1) 针对一个结点数较多的连通的、边有权值的无向网，以任意点为起始点用普理姆算法求其最小生成树。

(2) 用动画方式演示算法过程，方式可以为：以任意点为起始点，每选择的边或结点以同变为另一色的方式在图上标识。

(3) 将所有功能整合成一个完整的系统，要求界面设计美观，操作合理。

3．题目实现的功能扩展要求

(1) 存储设计可以多种方案，并进行性能比较。

(2) 实现细节可以从时空优化的角度提供多种方案。

4．完成该题目的前提

已掌握并实现线性表、栈、队列、二叉树的基本操作。

6.4.3　用克鲁斯卡尔算法求最小生成树

1．题目内容

给定一个连通的、边有权值的无向网，用克鲁斯卡尔算法求其最小生成树。要求所有功能整合成一个完整的系统，用动画演示用该算法求最小生成树的过程与结果。

2．题目实现的基本要求

(1) 针对一个结点数较多的连通的、边有权值的无向网，以任意点为起始点用克鲁斯卡尔算法求其最小生成树。

(2) 用动画方式演示算法过程，方式可以为：以任意点为起始点，每选择的边或结点以同变为另一色的方式在图上标识。

(3) 将所有功能整合成一个完整的系统，要求界面设计美观，操作合理。

3．题目实现的功能扩展要求

(1) 存储设计可以多种方案，并进行性能比较。

(2) 实现细节可以从时空优化的角度提供多种方案。

4．完成该题目的前提

已掌握并实现线性表、栈、队列、二叉树的基本操作。

6.4.4　拓扑排序

1. 题目内容

给定各种情形的有向图，求其拓扑排序过程与结果。要求所有功能整合成一个完整的系统，用动画演示拓扑排序过程与结果。

2. 题目实现的基本要求

(1) 针对可拓扑排序与不能拓扑排序至少两种情形的有向图，求其拓扑排序过程与结果。

(2) 有向图的存储采用邻接表，入度为零的点采用进栈方式。

(3) 用动画方式演示算法过程，方式可以为：按拓扑排序规则选择一个点，将其掉落在下方排成线性表(即拓扑排序结果)；将其引出的各有向线删除。如此反复操作直到不能操作为止。

(4) 将所有功能整合成一个完整的系统，要求界面设计美观，操作合理。

3. 题目实现的功能扩展要求

(1) 有向图的存储分为邻接矩阵，入度为零的点可以采用队列方式，并与上述方法进行性能比较。

(2) 实现细节可以从时空优化的角度提供多种方案。

4. 完成该题目的前提

已掌握并实现线性表、栈、队列、二叉树的基本操作。

6.4.5　求关键路径

1. 题目内容

给定可拓扑排序的、边带权值的有向网，求其关键路径。要求所有功能整合成一个完整的系统，用动画呈现关键路径。

2. 题目实现的基本要求

(1) 针对有一条关键路径与多(两)条关键路径情形的有向网，求其关键路径。

(2) 有向图的存储采用邻接表，入度为零的点采用进栈方式。

(3) 用动画方式演示算法过程，方式可以为：呈现计划求关键路径的图，用变色的方式呈现所求的关键路径。

(4) 显示中间计算各关键量的值，如各结点与各边的最早发生时间与最迟发生时间。

(5) 将所有功能整合成一个完整的系统，要求界面设计美观，操作合理。

3. 题目实现的功能扩展要求

(1) 有向图的存储分为邻接矩阵，入度为零的点可以采用队列方式，并与上述方法进行性能比较。

(2) 实现细节可以从时空优化的角度提供多种方案。

4. 完成该题目的前提

已掌握并实现线性表、栈、队列、二叉树的基本操作。

6.4.6　求最短路径

1. 题目内容

给定全国各主要城市的地图，选择任意两个城市，给出两个城市间的最短路径。要求所有功能整合成一个完整的系统，用动画演示求最短路径的过程与结果。

2. 题目实现的基本要求

(1) 给定全国各主要城市的地图，选择任意两个城市，求出两个城市间的最短路径。

(2) 用动画方式演示算法过程，方式可以为：呈现一个全国各主要城市的地图，选择两个城市(可以点击，也可以输入)，以变色的方式显示求最短路径的过程与结果。

(3) 将所有功能整合成一个完整的系统，要求界面设计美观，操作合理。

3. 题目实现的功能扩展要求

(1) 求最短路径采用至少两种算法。

(2) 实现细节可以从时空优化的角度提供多种方案。

4. 完成该题目的前提

已掌握并实现线性表、栈、队列、二叉树的基本操作。

附录 真 题 训 练

一、算法性能分析作业

(一) 分析如下程序中(1)～(9)各语句的频度。

```
Ex( )
{
   int  i , j , t ;
(1)  for(i=1; i<10 ; i++)          //n =
(2)  printf("\n %d" ,   i );        //n =
(3)  for(i=1; i<=2; i++)            //n =
(4)  printf("\n");                  //n =
(5)  for(i=1; i<=9; i++            //n =
     {
(6)     for(j=1; j <= i ; j++)      //n =
        {
(7)     t = i * j ;                 //n =
(8)     printf("%5d", t);           //n =
        }
(9)     for(j=1; j<3 ; j++)         //n =
(10)    printf("\n");               //n =
     }
}
```

(二) 分析如下程序段中指定语句的执行次数。

有如下程序段：

```
x = 91 ; y = 100 ;
while(y > 0)
{
    if(x > 100) {x -= 10 ; y -- ;}
    else x ++ ;
}
```

问：if 语句执行了多少次？

y-- 执行了多少次？

x ++执行了多少次?

(三) 回答问题。

起泡排序如下:

```
void bubble_sort(int a[], int n){
/*将 a 中整数序列重新排列成自小至大有序的整数序列*/
for(i=n-1, change=TRUE; i>=1&&change; --i){
    change = FALSE;
    for(j=0; j<i; ++j)
        if(a[j]>a[j+1]{a[j]<-->a[j+1]; change=TRUE; }
}
}/*bubble_sort*/
```

分析该算法的最佳情况、最坏情况和平均情况下各自的时间复杂度(给出分析思路与过程)。

1. 最佳情况的时间复杂度分析:

2. 最坏情况的时间复杂度分析:

3. 平均情况的时间复杂度分析:

(四) 完成如下选择题。

1. 设 f 为原操作, 则如下算法的时间复杂度是(　　　)。

```
for (i = 1; i*i<= n; i++)
    f;
```

A. $O(n)$　　　　　　　B. $O(\log_2 n)$　　　　　　C. $O(n/2)$　　　　　　D. 都不对

2. 算法的时间复杂度与(　　　)有关。

A. 问题的规模　　　　　　　　　　　　B. 计算机硬件性能

C. 编译程序的质量　　　　　　　　　　D. 程序设计语言

3. 有程序段:

```
for(i=n-1; i>=1; i--)
    for(j=1; j<=i; j++)
        if(A[j] > A[j+1])
            A[j]与 A[j+1]对换;
```

其中 n 为正整数, 则算法在最坏情况下的时间复杂度为(　　　)。

A. $O(n)$　　　　　　B. $O(n\log_2 n)$　　　　　　C. $O(n3)$　　　　　　D. $O(n2)$

二、线性表作业

(一) 完成下列选择题。

1. 顺序存储结构中数据中数据元素之间逻辑关系是由(　　　)表示的, 链接存储结构中的数据元素之间的逻辑关系是由(　　　)表示的。

A．线性结构　　　　B．非线性结构　　　　C．存储位置　　　　D．指针

2．线性表是(　　　)。

A．一个有序序列，可以为空　　　　B．一个有序序列，不能为空

C．一个无限序列，可以为空　　　　D．一个无限序列，不能为空

3．已知一维数组 A 采用顺序存储结构，每个元素占用 4 个存储单元，第 9 个元素的地址为 144，则第一个元素的地址是(　　　)。

A. 108　　　　B. 180　　　　C. 176　　　　D. 112

4．在单链表中删除指针 p 所指结点的后继结点，则执行(　　　)。

A．p->next = p->next->next　　　　B．p->next = p->next

C．p = p->next->next　　　　D．p = p->next; p->next = p->next->next

5．若某链表最常用的操作是在最后一个结点之后插入一个结点删除最后一个结点，则采用(　　　)存储方式最节省时间。

A．单链表　　　　B．双链表

C．带头结点的双循环链表　　　　D．单循环链表

6．二维数组 A[7][8]以列序为主序的存储，计算数组元素 A[5][3] 的一维存储空间下标 k=(　　　)。

A. 38　　　　B. 43　　　　C. 26　　　　D. 29

(二) 完成下列填空题。

1．在顺序表 L 中第 i 个位置上插入一个新的元素 e:

```
Status ListInsert_Sq(SqList &L , int i , ET e){
if (i<1 || i>L.length+1)    return ERROR;
    if(L.length >= L.listsize){
        p=(ET*)realloc(L.elem, (L.listsize+10)*sizeof(ET));
        if (p==NULL)   exit(OVERFLOW);
        L.elem=p;
    }
    for(j=L.length ; j>=i ; --j )
        _____;
    L.elem[j]=e ;
    _____;
    return OK;
}
```

2．删除双向链表中 p 所指向的节点算法:

```
status   delete(DuLinkList L, DuLinkList p)    {
    if (p==L)
        return   ERROR;
    else   {
            p->prior->next=p->next;
```

　　　　　　　　　　_____;
　　　　　　　}
　　　　　free(p);
　　　　　return　 OK;
　　　}

（三）编程题。

1. 用顺序表表示集合，设计算法实现集合的求差集运算，要求不另外开辟空间。顺序表的存储结构定义如下：

```
#define Maxsize 100
typedef struct
{
    ElemType data[MaxSize];        /*ElemType 表示不确定的数据类型*/
    int length;                    /*length 表示线性表的长度*/
}SqList;
```

将如下函数的伪码补充完整，在编写代码前先用文字描述自己的算法思想。

文字描述算法：

```
void Difference(SqList A, SqList B)
{//


}
```

2. 已知带头结点的单循环链表 L，编写算法实现删除其中所有值为 e 的数据元素结点。（要求：类型定义、伪码进行算法描述和算法时间复杂度分析）

类型定义：

伪码进行算法描述：

时间复杂度分析：

三、栈与队列作业

（一）选择题。

1. 经过以下栈运算后，x 的值是(　　　)。
　　InitStack(s); Push(s, 'a'); Push(s, 'b');
　　Pop(s, x);Gettop(s, x);

A. a　　　　　　　　B. b　　　　　　　　C. 1　　　　　　　　D. 0

2. 循环队列存储在数组 A[0..m]中，则入队时的操作为(　　　)。

A. rear = rear+1　　　　　　　B. rear = (rear+1) mod(m−1)

C. rear = (rear+1)mod m　　　　D. rear = (rear+1) mod(m+1)

3. 栈和队列的共同点是(　　　)。

A. 都是先进先出　　　　　　　B. 都是先进后出

C. 只允许在端点处插入和删除元素　　D. 没有共同点3

4. 用一个大小为 6 的数组来实现循环队列，rear 和 front 的值分别为 0 和 3。当从队列中删除一个元素，再插入两个元素后，rear 和 front 的值分别为(　　　)。

A. 1 和 5　　　　　　　　　　B. 2 和 4

C. 4 和 2　　　　　　　　　　D. 5 和 1

5. 程序填顺序循环队列的类型定义如下：

```
typedef int ET;
typedef struct{ ET      *base;
                int     Front;
                int     Rear;
                int     Size;
                }Queue;
        Queue    Q;
```

队列 Q 是否"满"的条件判断为(　　　)。

A. (Q.Front+1) == Q.Rear　　　B. Q.Front == (Q.Rear+1)

C. Q.Front = (Q.Rear+1)% Q.size　D. (Q.Front+1)%Q.Size = (Q.Rear+1)% Q.size

6. 若进栈序列为"1，2，3，4，"进栈过程中可以出栈，则(　　　)不可能是一个出栈序列。

A. 3，4，2，1　　　　　　　　B. 2，4，3，1

C. 1，4，2，3　　　　　　　　D. 3，2，1，4

7. 向顺序存储的循环队列 Q 中插入新元素的过程分为三步：(　　　)。

A. 进行队列是否空的判断，存入新元素，移动队尾指针

B. 进行队列是否满的判断，移动队尾指针，存入新元素

C. 进行队列是否空的判断，移动队尾指针，存入新元素

D. 进行队列是否满的判断，存入新元素，移动队尾指针

8. 关于栈和队列，(　　　)说法不妥。

A. 栈是后进先出表　　　　　B. 队列是先进先出表

C. 递归函数在执行时用到栈　　D. 队列非常适用于表达式求值的算符优先法

9. 若用数组 S[0..m]作为两个栈 S1 和 S2 的共同存储结构，对任何一个栈，只有当 S 全满时才不能作入栈操作。为这两个栈分配空间的最佳方案是(　　　)。

A. S1 的栈底位置为 0，S2 的栈底位置为 m

B. S1 的栈底位置为 0，S2 的栈底位置为 m/2

C. S1 的栈底位置为 1，S2 的栈底位置为 m

D. S1 的栈底位置为 1，S2 的栈底位置为 m/2

(二) 程序填空题。

1. 下面的算法是将一个整数 e 压入堆栈 S，在空格处填上适当的语句实现该操作。

```
typedef struct{
    int    *base;
    int    *top;
    int stacksize;
}SqStack;
int Push(SqStack S, int e)
{
    if (        S.top- S.base >= S.stacksize        )
        {    S.base = (int *) realoc(S.base, (S.stacksize+1)*sizeof(int));
            if(        !S.base                )
                {
                    printf("Not Enough Memory!\n");
                    return(0);
                }
            S.top = _____;
            S.stacksize = _____;
        }
    _____;
        return 1;
}
```

2. 在表达式 6+5+3*7/(4+9/3−2)的求值过程中，处理到 2 时刻，运算符栈的状态为_____，操作数栈的内容为_____。

3. 递调用时，处理参数及返回地址，要用一种称为_____的数据结构。

4. 设循环队列中数组的下标范围是 1−n，其头尾指针分别为 f 和 r，则其元素个数为_____。

四、数组与广义表作业

(一) 选择题。

1. 两个串相等的充要条件是(   )。

A．串长度相等　　　　　　　　B．串长度任意

C．串中各位置字符任意　　　　D．串中各位置字符均对应相等

2. 对称矩阵的压缩存储：以行序为主序存储下三角中的元素，包括对角线上的元素。二维下标为(i, j)，存储空间的一维下标为 k，给出 k 与 i, j (i<j)的关系 k = (   ) (1<= i, j <= n， 0<= k < n*(n+1)/2)。

A．i*(i-1)/2+j-1　　　　　　　　B．i*(i+1)/2+j

C．j*(j-1)/2+i-1　　　　　　　　D．j*(j+1)/2+i

3．二维数组 A[7][8]以列序为主序的存储，计算数组元素 A[5][3] 的一维存储空间下标 k =(　　　)。

A．38　　　　　　　B．43　　　　　　　　C．26　　　　　　　　D．29

4．已知一维数组 A 采用顺序存储结构，每个元素占用 4 个存储单元，第 9 个元素的地址为 144，则第一个元素的地址是(　　　)。

A．108　　　　　　　B.180　　　　　　　　C.176　　　　　　　　D.112

5．下面(　　　)不属于特殊矩阵。

A．对角矩阵　　　　　　　　　　　B．三角矩阵

C．稀疏矩阵　　　　　　　　　　　D．对称矩阵

6．假设二维数组 M[1..3，1..3]无论采用行优先还是列优先存储，其基地址相同，那么在两种存储方式下有相同地址的元素有(　　)个。

A．3　　　　　　　　B．2　　　　　　　　C．1　　　　　　　　D．0

7．若 Tail(L)非空，Tail(Tail(L))为空，则非空广义表 L 的长度是(　　　)。(其中 Tail 表示取非空广义表的表尾)

A．3　　　　　　　　B．2　　　　　　　　C．1　　　　　　　　D．0

8．串的长度是(　　　)。

A．串中不同字母的个数　　　　　　B．串中不同字符的个数

C．串中所含字符的个数，且大于 0　　D．串中所含字符的个数

9．已知广义表(( )，(a)，(b, c, (d))，((d, f)))，则以下说法正确的是(　　　)。

A．表长为 3，表头为空表，表尾为((a)，(b, c, (d))，((d, f)))

B．表长为 3，表头为空表，表尾为(b, c, (d)，((d, f)))

C．表长为 4，表头为空表，表尾为((d, f))

D．表长为 3，表头为(())，表尾为((a)，(b, c, (d))，((d, f)))

10．广义表 A = (a, b, c, (d, (e, f)))，则 Head(Tail(Tail(Tail(A))))的值为(　　　)。(Head 与 Tail 分别是取表头和表尾的函数)

A．(d, (e, f))　　　B．d　　　　　　　　C．f　　　　　　　　D．(e, f)

(二) 填空题。

1．一个广义表为 F = (a, (a, b), d, e, (i, j), k)，则该广义表的长度为_____。
GetHead(GetTail(F))= _____。

2．一个 n*n 的对称矩阵，如果以行或列为主序压缩存放入内存，则需要_____个存储单元。

3．有稀疏矩阵如下：

$$
\begin{array}{ccc}
0 & 0 & 5 \\
7 & 0 & 0 \\
-3 & 0 & 0 \\
0 & 4 & 0 \\
0 & 2 & 0
\end{array}
$$

它的三元组存储形式为_____。

(三) 综合题。

1. 稀疏矩阵如下所示，描述其三元组的存储表示以及转置后的三元组表示。

$$
\begin{array}{ccccc}
0 & -3 & 0 & 0 & 0 \\
4 & 0 & 6 & 0 & 0 \\
0 & 0 & 0 & 0 & 7 \\
0 & 15 & 0 & 8 & 0
\end{array}
$$

转置前：

转置后：

2. 稀疏矩阵 M 的三元组表如下，试填写 M 的转置矩阵 T 的三元组表，并按要求完成算法。

(1) 写出 M 矩阵转置后的三元组存储：

M 的三元组表：

i	j	e
2	1	3
3	2	4
4	2	5
4	3	5
5	1	6
5	3	6

T 的三元组表：

i	j	e

(2) 下面提供了矩阵采用三元组存储时查找指定行号(m)和列号(n)元素值的算法框架，将代码补充完整。

```
typedef struct{
    inti, j;
    ElemType e;
}Triple;
typedefstruct{
    Triple data[MAXSIZE+1];   //data[0]未用
    intmu, nu, tu;   //矩阵的行数，列数和非零元的个数
}TSMatrix;
voidFind_TSMatrix(TSMatrix M, int m, int n, ElemType&e)
//M 为要查找的稀疏矩阵三元组存储，m 为要查找的元素的行号，n 为列号，e 为
查找后得到的值
{
for (i=1; i<=M.tu; i++)
if(_____&&_____)
{
```

```
            e=M.data[i].e;
            _____;
    }
    if(_____)
        e=0;
    }
```

五、树和二叉树作业

(一) 选择题。

1. 一棵二叉树的顺序存储情况如下：

1	2	3	4	5	6	7	8	9	10	11	12	13
A	B	C	D	0	E	F	0	G	0	0	H	I

树中，度为 2 的结点数为(　　)。

A. 1　　　　　　　　B. 2　　　　　　　　C. 3　　　　　　　　D. 4

2. 一棵"完全二叉树"结点数为 25，高度为(　　)。

A. 4　　　　　　　　B. 5　　　　　　　　C. 6　　　　　　　　D. 不确定

3. 下列说法中，(　　)是正确的。

A. 二叉树就是度为 2 的树　　　　　　　B. 二叉树中不存在度大于 2 的结点

C. 二叉树是有序树　　　　　　　　　　D. 二叉树中每个结点的度均为 2

4. 一棵二叉树的前序遍历序列为 ABCDEFG，它的中序遍历序列可能是(　　)。

A. CABDEFG　　　　B. BCDAEFG　　　　C. DACEFBG　　　　D. ADBCFEG

5. 线索二叉树中的线索指的是(　　)。

A. 左孩子　　　　　　B. 遍历　　　　　　C. 指针　　　　　　D. 标志

6. 建立线索二叉树的目的是(　　)。

A. 方便查找某结点的前驱或后继　　　　B. 方便二叉树的插入与删除

C. 方便查找某结点的双亲　　　　　　　D. 使二叉树的遍历结果唯一

7. 有 abc 三个结点的右单枝二叉树的顺序存储结构应该用(　　)示意。

A. | a | b | c |

B. | a | b | ^ | c |

C. | a | b | ^ | ^ | c |

D. | a | ^ | b | ^ | ^ | ^ | c |

8. 一颗有 2046 个结点的完全二叉树的第 10 层上共有(　　)个结点。

　A. 511　　　　　　　B. 512　　　　　　　C. 1023　　　　　　D. 1024

9. 一棵完全二叉树一定是一棵(　　)。

A. 平衡二叉树　　　　　　　　　　　　B. 二叉排序树

C. 堆　　　　　　　　　　　　　　　　D. 哈夫曼树

10. 某二叉树的中序遍历序列和后序遍历序列正好相反，则该二叉树一定是(　　)的二叉树。

A. 空或只有一个结点　　　　　　　　　B. 高度等于其结点数

C. 任一结点无左孩子　　　　　　　　　D. 任一结点无右孩子

11．一棵二叉树的顺序存储情况如下：

1	2	3	4	5	6	7	8	9	10	11	12	13	14	15
A	B	C	D	E	0	F	0	0	G	H	0	0	0	X

结点 D 的左孩子结点为(　　)。

A．E　　　　　　　　　B．C　　　　　　　　　C．F　　　　　　　　　D．没有

12．一棵"完全二叉树"结点数为 25，高度为(　　)。

A．4　　　　　　　　　B．5　　　　　　　　　C．6　　　　　　　　　D．不确定

(二) 填空题。

1．树的路径长度：是从树根到每个结点的路径长度之和。对结点数相同的树来说，路径长度最短的是_____二叉树。

2．在有 n 个叶子结点的哈夫曼树中，总结点数是_____。

3．在有 n 个结点的二叉链表中，值为非空的链域的个数为_____。

4．某二叉树的中序遍历序列和后序遍历序列正好相反，则该二叉树一定是_____的二叉树。

5．深度为 k 的二叉树最多有_____个结点，最少有_____个结点。

(三) 综合题。

1．假定字符集{a，b，c，d，e，f}中的字符在电码中出现的次数如下：

字符	a	b	c	d	e	f
频度	9	12	20	23	15	5

构造一棵哈夫曼树，给出每个字符的哈夫曼编码，并计算哈夫曼树的加权路径长度 WPL。

2．假设用于通信的电文由字符集{a, b, c, d, e, f, g}中的字符构成，它们在电文中出现的频率分别为{0.31, 0.16, 0.10, 0.08, 0.11, 0.20, 0.04}。要求：

(1) 为这 7 个字符设计哈夫曼树；

(2) 据此哈夫曼树设计哈夫曼编码；

(3) 假设电文的长度为 100 字符，使用哈夫曼编码比使用 3 位二进制数等长编码使电文总长压缩多少？

3．二叉数 T 的(双亲到孩子的)边集为：

　　　{ <A, B>, <A, C>, <D, A>, <D, E>, <E, F>, <F, G> }

回答下列问题：

(1) T 的根结点。

(2) T 的叶结点。

(3) T 的深度。

(4) 上述列出边集中，某个结点只有一个孩子时，均为其左孩子，某个结点有两个孩子时，先列出了连接左孩子的边后列出了连接右孩子的边。画出该二叉树其及前序线索(6 分)。

4．现有以下按前序和中序遍历二叉树的结果：

　　　前序：ABCEDFGHI　　　中序：CEBGFHDAI

画出该二叉树的逻辑结构图，并在图中加入中序线索。

5. 有电文 ABCDBCDCBDDBACBCCFCDBBBEBB，用哈夫曼树构造电文中每一字符的最优通讯编码。画出构造的哈夫曼树，并给出每个字符的哈夫曼编码方案。

六、图的作业

(一) 选择题。

1. 下列图的邻接矩阵是对称矩阵的是(   )。
A. 有向图　　　　B. 无向图　　　　C. AOV 网　　　　D. AOE 网

2. 在边表示活动的 AOE 网中，关键活动的最迟开始时间(   )最早开始时间。
A. >　　　　B. <　　　　C. ≥　　　　D. =

3. 带权有向图 G 用邻接矩阵 A 存储，则顶点 i 的入度等于 A 中(   )。
A. 第 i 行非∞的元素之和　　　　B. 第 i 列非∞的元素之和
C. 第 i 行非∞且非 0 的元素个数　　　　D. 第 i 列非∞且非 0 的元素个数

4. 在一个无向图中，所有顶点的度数之和等于所有边数的(   )倍。
A. 1/2　　　　B. 1　　　　C. 2　　　　D. 4

5. 对于一个具有 n 个顶点的无向图，若采用邻接矩阵存储，则该矩阵的大小是(   )。
A. n　　　　B. $(n-1)^2$　　　　C. n–1　　　　D. n^2

6. 以下有关拓扑序列的叙述，(   )不对。
A. 拓扑序列包含了有向图的全部顶点　　　　B. 有向有环图一定没有拓扑序列
C. 有向无环图不一定有拓扑序列　　　　D. 拓扑序列不一定唯一

7. 对于描述工程的 AOE 网，(   )说法正确。
A. 网中唯一的出度为零的顶点，称为源点
B. 网中唯一的入度为零的顶点，称为汇点
C. 关键路径是源点到汇点的最短路径
D. 关键路径可能有多条

8. 最小生成树指的是(   )。
A. 由连通网所得到的边数最少的生成树
B. 由连通网所得到的顶点数相对较少的生成树
C. 连通网中所有生成树中权值之和为最小的成生树
D. 连通网的极小连通子图

9. 一个有向图，共有 n 条弧，则所有顶点的度的总和为(   )。
A. 2n　　　　B. n　　　　C. n–1　　　　D. n/2

(二) 填空题。

1. 有 n 个顶点的连通图至少有___条边。有 n 个顶点的无向图至多有____条边。

2. 图的广度优先遍历算法中用到辅助队列，每个顶点最多进队____次。

3. 在一个具有 n 个顶点的有向完全图中包含____条边。

(三) 综合题。

1. 无向网如下：

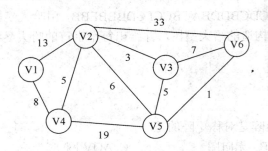

(1) 给出如图所示网的邻接矩阵表示。

(2) 画出该图的最小生成树。

2. 已知一个连通图如图所示，试给出图的邻接矩阵和邻接链表存储示意图。

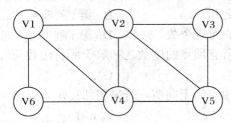

(1) 画出该图的邻接矩阵存储示意图。

(2) 画出该图的邻接链表存储示意图。

3. 如图所示为一个带权无向图，试用克鲁斯卡尔算法给出最小生成树的求解过程。

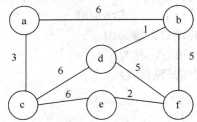

七、查找作业

(一) 选择题。

1. 对于二叉排序树，下面的说法(   )是正确的。

A. 二叉排序树是动态树表，查找不成功时插入新结点时，会引起树的重新分裂和组合

B. 对二叉排序树进行层序遍历可得到有序序列

C. 用逐点插入法构造二叉排序树时，若先后插入的关键字有序，则二叉排序树的深度最大

D. 在二叉排序树中进行查找，关键字的比较次数不超过结点数的 1/2

2. 在有 n 个结点且为完全二叉树的二叉排序树中查找一个键值，其平均比较次数的数量级为(   )。

A. O(n)   B. O(log2n)   C. O(n*log2n)   D. O(n2)

3. 静态查找与动态查找的根本区别在于(   )。

A. 它们的逻辑结构不一样　　　　B. 施加在其上的操作不同

C. 所包含的数据元素类型不一样　　D. 存储实现不一样

4. 已知一个有序表为{12，18，24，35，47，50，62，83，90，115，134}，当折半查找值为 90 的元素时，经过(　　　)次比较后查找成功。

A. 2　　　　　　B. 3　　　　　　C. 4　　　　　　D. 5

5. 已知数据序列为(34，76，45，18，26，54，92，65)，按照依次插入结点的方法生成一棵二叉排序树，则该树的深度为(　　　)。

A. 4　　　　　　B. 5　　　　　　C. 6　　　　　　D. 7

6. 设散列表表长 m=14，散列函数 H(k)=k mod 11。表中已有 15、38、61、84 四个元素，如果用线性探测法处理冲突，则元素 49 的存储地址是(　　　)。

A. 8　　　　　　B. 3　　　　　　C. 5　　　　　　D. 9

7. 平衡二叉树的查找效率呈(　　　)数量级。

A. 常数阶　　　　B. 线性阶　　　　C. 对数阶　　　　D. 平方阶

8. 设输入序列为{20, 11, 12, …}，构造一棵平衡二叉树，当插入值为 12 的结点时发生了不平衡，则应该进行的平衡旋转是(　　　)。

A. LL　　　　　　B. LR　　　　　　C. RL　　　　　　D. RR

(二) 填空题。

1. 在有序表 A[1..18]中，采用二分查找算法查找元素值等于 A[7]的元素，所比较过的元素的下标依次为_____。

2. 利用逐点插入法建立序列(61，75，44，99，77，30，36，45)对应的二叉排序树以后，查找元素 36 要进行　　　　次元素间的比较，查找序列为_____。

3. 用顺序查找法在长度为 n 的线性表中进行查找，在等概率情况下，查找成功的平均比较次数是_____。

4. 二分查找算法描述如下：

```
int Search_Bin(SST ST, KT key)
{
    low = 1;      high = ST. length;
    while(low<=high)
    {
        mid = (low+high)/2;
        if(key==ST.elem[mid].key)      return mid;
        else if(key<ST.elem[mid].key)
                     _____;
            else _____;
    }
    return 0;
}
```

5. 链式二叉树的定义如下：

```
typedef   struct   Btn{
```

　　TElemType data;

　　　　_____;

　　}BTN , *BT;

6. 在有 n 个叶子结点的哈夫曼树中，总结点数是_____。

（三）综合题。

1. 假定关键字输入序列为"19，21，47，32，8，23，41，45，40"，画出建立二叉平衡树的过程。

2. 有关键字{13，28，31，15，49，36，22，50，35，18，48，20}，Hash 函数为 H=key mod 13，冲突解决策略为链地址法，试构造哈希表，并计算平均查找长度 ASL。

3. 设关键字码序列{20，35，40，15，30，25}，给出平衡二叉树的构造过程。

4. 设哈希表长为 m=13，散列函数为 H(k)=k mod 11，关键字序列为"5，7，16，12，11，21，31，51，17，81"。

(1) 按要求填哈希表。

0	1	2	3	4	5	6	7	8	9	10	11	12

(2) 计算 ASL。

(3) 计算装填因子。

八、排序作业

（一）选择题。

1. 若表 R 在排序前已按键值递增顺序排列，则(　　)算法的比较次数最少。

A．直接插入排序　　　B．快速排序　　　　　C．归并排序　　　　　D．选择排序

2. 对各种内部排序方法来说，(　　)。

A．快速排序时间性能最佳　　　　　　B．归并排序是稳定的排序方法

C．快速排序是一种选择排序　　　　　D．堆排序所用的辅助空间比较大

3. 排序算法的稳定性是指(　　)。

A．经过排序之后，能使值相同的数据保持原顺序中的相对位置不变。

B．经过排序之后，能使值相同的数据保持原顺序中的绝对位置不变。

C．排序算法的性能与被排序元素的数量关系不大

D．排序算法的性能与被排序元素的数量关系密切

4. 以下序列中，(　　)序列是大顶堆。

A．{4, 5, 3, 2, 1}　　　　　　　　　B．{5, 3, 4, 1, 2}

C．{1, 2, 3, 4, 5}　　　　　　　　　D．{1, 2, 3, 5, 4}

5. 若将{3, 2, 5, 4, 1}排为升序，则实施快速排序一趟后的结果是(　　)(其中，枢轴记录取首记录)。

A．{1, 2, 3, 4, 5}　　　　　　　　　B．{1, 2, 4, 5, 3}

C．{1, 3, 5, 4, 2}　　　　　　　　　D．{2, 5, 4, 1, 3}

6. 若将{1, 2, 3, 4, 5, 6, 7, 9, 8}排为升序，则(　　)排序方法的"比较记录"次数最少。

A. 快速排序   B. 简单选择排序

C. 直接插入排序   D. 冒泡排序

7. 若将{5, 4, 3, 2, 1}排为升序,则(   )排序方法的"移动记录"次数最多。

A. 快速排序   B. 冒泡排序

C. 直接插入排序   D. 简单选择排序

8. 用简单选择排序将顺序表{2, 3, 1, 3′, 2′}排为升序,实施排序一趟后的结果是{1, 3, 2, 3′, 2′},则排序三趟后的结果是(   )。

     A. {1, 2, 3, 3′, 2′}   B.{1, 2, 2′, 3 , 3′}

C.{1 , 2′, 2, 3, 3′}   D. {1, 2, 2′, 3′, 3}

9. 下列排序算法中, (   )排序在某趟结束后不一定选出一个元素放到其最终的位置上。

A. 选择   B. 冒泡   C. 归并   D. 堆

10. 下列排序算法中,稳定的排序算法是(   )。

A. 堆排序   B. 直接插入排序   C. 快速排序   D. 希尔排序

11. 堆排序的时间复杂度是(   )。

A. $O(n*n)$ B. $O(n*\log n)$ C. $O(n)$ D. $O(\log n)$

(二) 填空题。

对 n 个元素进行归并排序,空间复杂度为_____。

(三) 综合题。

1. 有一组待排序的关键字如下:

     (54,38,96,23,15,72,60,45,83)

分别写出希尔排序(d = 5)、快速排序、堆排序、归并排序第一趟升序排序后的结果(其中堆排序的第一趟指序列完成初始建堆、将堆顶元素置为最末位子后其余元素调整为堆的结果)。

希尔排序: _____

快速排序: _____

堆排序: _____

归并排序: _____

2. 已知数据序列为(12, 5, 9, 20, 6, 31, 24),对该项数据序列进行排序,分别写出直接插入排序、简单选择排序、快速排序、堆排序、二路归并排序及基数排序第一趟升序排序结果(其中堆排序的第一趟指序列完成初始建堆、将堆顶元素置为最末位子后其余元素调整为堆的结果)。

直接插入排序: _____

简单选择排序: _____

快速排序: _____

堆排序: _____

二路归并排序: _____

基数排序: _____

参 考 文 献

[1] 严蔚敏，吴伟民. 数据结构(C 语言版). 北京：清华出版社，2007.

[2] 谭浩强. C 程序设计. 4 版. 北京：清华大学出版社，2010.